はたらく動物と

文と絵　金井真紀

ころから

はじめに

おもしろうて　やがてかなしき　鵜舟《うぶね》かな

松尾芭蕉先生もそうおっしゃっている。

鵜ががんばってとった鮎を人間サマがかすめとる。それを、やんややんやとはやしたてる鵜舟のお客。愉快な夏の風物詩だ。でも、なぜだろう。はじめはおもしろいんだけど、だんだんかなしくなってくるのである。

芭蕉の時代から三百うん十年を経て、わたしも同じことを考えていた。いや、長良川の鵜飼を見て、そう思ったのではない。見る前のことだ。

はたらく動物を取材しようと思い立ち、出版社の人とどこでなにを取材するか相談するときは楽しく盛り上がるのだが、打ち合わせの帰り道、とぼとぼと歩きながら、はたらく動物自身はどう思っているのだろうか。おもしろいのか、かなしいのか——答えの出ない問いを繰り返した。

長良川だけでなく、大阪、長野、はてはパリまで旅をした。そして、一冊の本ができあがった。

どんな人もその人にしかできない経験をしていて、その経験ゆえの物の見方や物語をもっている。わたしは、その断片を拾い集めるのが好きだ。それも教訓めいた立派なものじゃなく、すこし間が抜けているもの、にんまりできるもの、癖のあるものにひかれる。

今回、拾い集めたのは、犬、ニワトリ、馬、そして鵜といったはたらく動物とその周辺に生きる人たちの物語。

はたして、鵜はかなしかったのか——

もくじ

モンキードッグ 9

犬猿の仲はほんとうか

鵜飼の鵜 35

鳥が教えてくれた最高の死に方

パリのニワトリ

世界との向き合い方を考える場所

あとがき

本書は書き下ろし作品です

モンキードッグ

犬猿の仲は
ほんとうか

全国各地の畑にドロボーが出没している。多くは、狙いすましたように収穫前夜に現れるという。何カ月も丹精《たんせい》込めてつくった作物がようやく実って、さあいよいよ明日は収穫だ、楽しみだなあと寝ているあいだに全部くすねていくのである。農家の人の落胆を想像すると涙が出る。許しがたい暴挙。ただちに現場に急行し、犯人の襟首をつかんで手錠をかけ、パトカーで連行……したいが、それができない。

犯人は、お猿さんなのだ。いや、犯罪者に「お」も「さん」いらぬ。猿と呼び捨てにする。やつらの手口はほんとうに巧妙で、六〇頭もつらなってリンゴ畑にやってきて、リンゴをひとつ残らず強奪していったとか、犯行現場を目撃されて一目散に逃げるかと思いきや、ちゃっかりカボチャを両脇に抱え、口にキュウリをくわえて逃げていったとか、寄せられる情報がいちいち憎たらしい。ネギ畑を襲撃したときは、ネギをいっぽんいっぽん引き抜いて、甘みのある白いところだけをかじって、青いところはポイ捨てしていったというから大胆不敵。

いろんな人のはなしを総合すると、猿がここまで頻繁に盗みをはたらくようになったのは二〇年くらい前からだという。それまでは山のなかで木の実などを食べて暮らしており、人里におりてくることはほとんどなかった。人間との接触といえば、せい

ぜい山の秘湯につかって、登山者をほっこりさせるくらいなもんであった。

そういうわけでおよそ二〇年前から、日本各地の、とりわけ山の麓《ふもと》の農村では猿対策に頭を悩ませてきた。畑のまわりに網をめぐらせても、猿は網のすそをヒョイと持ち上げて、あるいはアラヨッと網をよじのぼって、まんまと侵入してくる。ロケット花火や爆竹で脅しても、一旦は逃げるがすぐに戻ってくる。オオカミのおしっこからできているその名も「ウルフピー《オオカミおしっこ》」なる動物忌避剤《きひざい》も効き目があるが、もはや日本にオオカミはいない。しばらくすると「なーんだ、ほんとのオオカミいないじゃん」と気づかれてしまう。猿の知能を舐《な》めちゃいけない。

電気柵、という手もある。柵に電流を流すのだ。これはお金がかかるが、効果もおおいにあるという。ただし、こまめなメンテナンスが欠かせない。柵の途中で草のつるが絡まったり木の枝が接触したら、そこでショートしてしまう。その先は「電気の通っていないただの柵」となり、それを察した猿たちは涼しい顔でよじのぼってくる。

くう、悔しい。畑の持ち主は何度も歯噛みした。このおそるべき盗賊団を防ぐことはもはや不可能。そう思われた。

この窮地を救ったヒーローこそ、「モンキードッグ」と呼ばれる犬たちだった。前置きが長くなったが、今回の主人公は犬だ。そう、はたらく動物といっても、盗みをはたらくほうではなくて、それを追い払うほうにスポットを当てる。

先駆者の名はクロ

モンキードッグ誕生は偶然の産物だった。ときは二〇〇五年、場所は長野県大町《おおまち》市。年がら年じゅう作物を盗みにやってくる猿たちに怒り心頭だった農家のおじさんが、ためしに飼い犬のクロを放してみた。するとクロは、ワンワンと大きな声で吠えながら、猿に向かって突進。猿たちは泡を食って山へ逃げ帰っていった。クロ、いいぞいいぞ。しかも、クロがいつでも綱《リード》を解かれて自由の身になる可能性があると知った猿たちは、以後その家の畑にはめったに出没しなくなったという。

そのはなしを聞いた市の農林水産課の職員はひざを打った。「これだ！」。彼は鳥獣被害対策の担当者で、ドロボー猿にほとほと困り果てていたのだ。

古来、「犬猿の仲」ということわざもある。猿対策に犬をつかおう。そこで相談をもちかけたのが、隣りの安曇野《あずみの》市で犬の訓練士をしていた磯本隆裕《いそもとたかひろ》さんだった。磯本さんは即答した。

磯本教官のサングラスは銀色

「犬は飼い主が喜ぶことをするのが大好き。猿を追う役目をちゃんと教えればうまくいくでしょう」

そして続けた。

「ただし、問題もある」

日本では犬を放し飼いにすることは法律や条例で禁じられている。猿を追うのはいいが、追いかけていったまま帰ってこないようでは困る。猿以外の、たとえば鶏や猫まで追うようになってもいけない。これらの問題をクリアしなければ、モンキードッグは世間が認める存在にはなれない、というのが磯本さんの考えだった。

「ま、とにかく、やってみましょう」

そのひとことで、モンキードッグ育成の挑戦が始まった。ちなみに市役所の担当者は犬が大の苦手だったという。いろんな意味で挑戦だったわけである。


大町市は制度を整えていった。市民の飼い犬を五カ月間、磯本さんに預け、モンキードッグになるための訓練をほどこす。一カ月の訓練費用は五万四〇〇〇円で、四カ月分は市が負担、一カ月分は飼い主が負担する。ときどき留年する犬もいるが、それでもほとんどが六カ月で卒業できるという。

挑戦が始まって一〇年、大町市のモンキードッグ事業は大きな効果をあげている。二〇〇九年には農林水産大臣賞を受賞。いまでは二三都道府県で三五一頭ものモンキードッグが活躍している(二〇一四年度、農水省調べ)。動物の愛護及び管理に関する法律第七条第四項には、犬の放し飼いの特例規定として「人、家畜、農産物等に対する野生鳥獣による被害を防ぐために追い払いに使役する場合」という一文が加えられた。モンキードッグの活躍が、法律まで変えたのである。

どんぐり林の犬の学校

磯本さんのドッグスクールに連絡をとると、「ちょうど訓練中のモンキードッグがいるから、見にきたらいいよ」と言ってくれた。

訓練は朝九時に始まるというので、前日に現地入り。穂高《ほだか》駅でおりて、ドッグスクールにほど近い山すその宿をとる。秋たけなわ。木々は色づいて、どんぐりがたくさん落ちていた。

夕飯前に宿の周辺を散歩してみた。誰もいない林道をずんずん進んでいくと、トラックに乗ったおっちゃんとすれ違う。

「熊が出るから気をつけろー」

「へぇ、熊が出るんですか。猿も出ますか？」

「出るよう、猿も熊も。ま、でもいちばん危ないのはおれだよう。いひひ」

翌朝。空が真っ青に澄み渡り、山が輝いている。信州の秋、いいなぁ。

九時前にドッグスクールに着くと、磯本さんが出迎えてくれた。銀色のサングラスをかけて、ややコワモテ。長年、犬たちに「おれの言うことを聞かないと許さんぞ」という態度で接してきた人特有のオーラをまとっている。いわば「鬼教官タイプ」だ。

今日は、六カ月かけてモンキードッグになるための研鑽《けんさん》を積んできたココ（一歳二カ月、アメリカンピットブルテリア）の訓練最終日だという。ココの父ちゃんと母ちゃん、すなわち飼い主である山内《やまうち》夫妻も訓練に参加する。うまくできればそのまま卒業となり、父ちゃん母ちゃんと一緒に自宅に帰ることができる。それを知ってか知らずか、ココはめちゃくちゃ張り切っていた。

「こら、ココ。すこし落ち着け！」

教官の声が飛ぶ。

まずはドッグスクールの周辺でココを散歩させる。これもれっきとした猿対策だ。

スクールのまわりにも畑や田んぼ、リンゴ園が広がっており、毎日、犬を散歩させて匂いをつけることで猿の接近を抑止するという。

「よし。では、歩きながら概要を話すぞ」

前を行く教官が振り返って言う。

「ハイッ!」

犬のように耳をそばだてるわたし。

まずは猿が人里近くに出るようになった背景を説明してもらう。

この国の林業について語られるときに必ず出るはなしだが、太平洋戦争のあと、国じゅうで木材が不足した。そこで多くの山で杉など針葉樹の植林がおこなわれた。だが、そのあと外国から安い木材が入ってくるようになり、山には実のならない針葉樹が大量に残ってしまった。くわえて里に近い雑木林の様子も変わった。かつて落ち葉は堆肥《たいひ》に、小枝はお風呂の焚《た》き付けに、大きな枝は薪《たきぎ》になったから、林は頻繁《ひんぱん》に人の出入りがあり自然と整備されていた。が、いまは荒れ放題。枝や下草が生い茂っている林は猿にとって格好の隠れ場所になる。整備が行き届いていない林がある地域ほど、猿が出没しやすいという。そこにもってきてゴミの違法投棄。山からおりてくることをおぼえた猿は、人間の食べ物の味を知ってしまった。

「結局、人間のせいなんだ」

磯本さんは吐き捨てるように言った。

足りない骨と特別な嗅覚

散歩から戻ると、いよいよ車で猿を追う訓練にでかける。本日、ココと一緒に出動するのは先輩のスコール（三歳）と同期生のベック（一歳）。

出発前、磯本さんが「モンキードッグ」と書かれたオレンジ色の犬用ベストを持ってきた。それを見ただけで、ココもベックも大興奮。

「お、出動ですか」

「ぼくたち、はたらくんですね」

「やったやった」

「行くぞ行くぞ」

全身で勤労のヨロコビを表現している。ベストは大町市から支給されたもの。解き放たれる際は、これを装着するのが決まりだ。そうしないとただの迷い犬とまちがえられて保健所に通報されるおそれがある。

ベックはビーグル犬。右の脇腹にベコンと凹《へこ》んだ部分がある。なんと、生まれつきあばら骨が一本ないのだという。

「こんな犬を売るペットショップはひどいよ」

ベックの頭をなでながら磯本さんがつぶやく。

だからといって、ペットショップにクレームをつけて「じゃ、新品と交換します」と言われても困る。そうしたらきっとベックは欠陥品として処分されるだろう。そう考えた飼い主さんは、ペットショップにはなにも言わずにベックを飼うことにしたという。

ベック本人は障害があることなどまるで意に介さず元気いっぱい。だが、猿を追って山中を駆け回っているときにあばら骨のない部分をぶつけたら危険だ。それでベックのベストには、脇腹のところにクッションが付いている。飼い主さんがチクチクと縫い付けてくれた特注品なのだ。

磯本さんが運転するワンボックスカーにココ、ベック、スコールの三頭と、ココの父ちゃん、母ちゃん、わたしという三人が乗り込み、猿が出没しそうなところを巡回していく。

実りの季節、いたるところに猿の大好物がある。米、リンゴ、蕎麦《そば》、栗、トウモロコシ……。

「ドングリは渋いから、猿は冬のあいだ雪の下にさらしておいて、春になってから食べるんだよ」

猿、なかなかの食通だ。

ある林道にさしかかったところで、急にベックが激しく吠え始めた。あばら骨が一本ないベックだが、じつは神様からすばらしい贈り物をもらっていた。それが犬並みはずれた嗅覚。なんと、猿の姿がまったく見えないうちから、「猿が近くにいる」と察して吠えるのである。

まるでスピード違反の取り締まりを遠くから察知してアラーム音を鳴らしてくれるオービス警報のよう。磯本さん

もベックの嗅覚には絶対の信頼をおいており、ベックが吠えたとたん、すぐに車を止めた。

「あ、いた！」

指差す方向を見ると、数十メートル先に猿が五、六頭。さらに激しく吠えたてるベック。

「じゃあ、君たち、追ってみるか」

磯本さんはのんびり話しかけながら、興奮状態のベックとココの綱を解く。ベックは一目散に猿をめがけて突撃していき、ココも大きな体を揺らしながらそれに続く。猿たちはわらわらと逃げていく。

「三〇頭くらいいるね」と磯本さんは言うのだが、わたしには五、六頭しか見えない。ううむ、猿をかぐ鼻も猿を見る目も備わっていない。

一瞬で猿の姿は消えた。と思ったら、

「ほら、あそこ！」

数頭の猿が木に登るのが見えた。そのうち何頭かは、さらに電線を伝って通りの反対側の雑木林へ逃げ込んだ。

「あんな枯れ木に登るのは、経験の浅い子猿だよ」

磯本さんが木の上を指さす。ベテランの猿は、ちゃんと葉が茂った木を選んで登り、姿を隠す。枯れ木に逃げ込むなんて、ハナタレ小僧なのだ。そう思って見上げると、あわてて木に登ってみたものの下から丸見えで、「やばいやばい」と思いつつ動くことも叶わないハナタレ猿の心細さが伝わってくる。

磯本さんが、木の下で吠えまくっているベックとココを呼び戻す。モンキードッグの役目は猿に襲いかかることではない。猿たちに田畑がある場所は怖いのだという認識を植え付けて、本来住んでいた山へ戻ってもらうこと。だから猿が逃げていけば、とりあえずは任務終了だ。

「仕事をして戻ってきたら、たっぷり褒めてあげてください」

磯本さんがココの父ちゃんと母ちゃんに声をかける。

飼い主に褒められることがいちばん効く。猿を追ったからといって餌《えさ》がもらえるわけでもなく、給料が出るわけでもない。ただ「褒め」だけが報酬なのだ。すごいな、犬は。

わたしもやや大げさなおばちゃんと化して、二匹を褒めまくる。

「えらいねぇ、ココ。猿を追い払ってくれて、ありがとう。ベックもすごいねぇ。がんばったねぇ」

なでなでするると「えへへ。まあな」と照れくさそうに、誇らしそうに、身を寄せてくるココとベック。くぅ、たまらん。

結局、人間がいちばんバカ

またみんなで車に乗り込んで、今度は栗の木がたくさん生えている山のほうを見にいく。途中で住人に出会うと、磯本さんは速度を落として窓を開け挨拶する。

「こんにちはー。いま猿を追いかけてます」

するとみんな「がんばってね」とか「助かっているよ」などと答えてくれる。この地域でモンキードッグと磯本さんはよく知られた存在らしい。が、なかには犬が苦手な人もいれば、モンキードッグの効果に懐疑的な人もいる。こうして日頃からコミュニケーションをはかっておくことも、犬が存分にはたらくために不可欠なのだろう。

山あいの細い道をゆっくり進むが、警報装置ベックは無反応。

「ベック、鳴かないですね」

「だな。このへんに猿はいないな」

ベックの沈黙が続くなか……急に後部座席のココが体を起こし、「フニフニ」と鼻を鳴らした。

「お前のはただ母ちゃんに甘えたいだけだろ。まぎらわしい声出すな」

磯本さんに一蹴される。


山道に生ゴミが落ちていた。

「バカな人間が猿を呼ぶんだ。いやんなるな、もう！」

顔をしかめる磯本さん。

「結局、人間がいちばん言うことときかない。人間がいちばんバカ」

磯本さんは、大学を卒業したあと東京の警察犬訓練所で修業を積み、その後長野で独立した。訓練士歴は三〇余年。山が多い地域だけに、山岳救助犬なども育てているが、メインの仕事は一般家庭の犬を預かって訓練することだ。それも人を噛んで保健所送りの一歩手前というような、飼い主もお手上げの暴れ犬を何十頭も更生させてきた。

どんな犬でも必ず更生できる、と言い切る。その根幹にあるのは、「犬は習慣性の強い動物だ」という法則らしい。「これをやってはいけない」ということを何度も何度も根気よく言い聞かせれば、犬はいつか必ずそれをしなくなる。「いけない」と叱り、やってはいけないことをやらなかったら、「えらいぞ」と褒める。その繰り返し。モンキードッグが、猿は追うが、猫や鶏は追わないのも繰り返しの訓練のたまものなのだ。

「褒めと気合。このふたつがすべて」

毎朝、仕事を始めるとき、自分のなかの気合を意識するという。本気で叱っているか、本気で褒めているか、犬にはすぐ伝わる。なるほど、褒めと気合か。なんだかこれは犬の訓練のはなしだけではない気がしてくる。なにかに立ち向かうとき、あるいは人と関係をつくっていくとき、成否の鍵を握るのは「褒めと気合」。そんな合い言葉みたいだ。

「人に対して強く出る犬ほど、気が弱い」というのもおもしろい。ぐふふ、人間界の風景とまったく同じ。まさに、弱い犬ほどよく吠えるというやつだ。そういう犬には、いろんな人に触ってもらうとよいという。いろんな人になでられて「人間って怖くないんだな」とわかれば、その犬は暴れなくなる。

「どんなに凶暴な犬だって、ちゃんとつきあっていけばどんどんいい子になる。変わらないのは人間だよ。人間のほうがよっぽど頑固で扱いにくい。自分の都合ばっかり。いちばん困った生き物だね」

教官のつぶやき

突然、ベックが吠え出した。警報発令！

車を止めると、すぐそばの茂みを逃げていく猿が見えた。わたしが猿の写真を撮りたがっているのを知っている磯本さんが、

「ほら！　犬より先に行け！」

とせきたてる。

「は、はい！」

あわてて車を降りて、猿を追うわたし。どうやらまた三〇頭くらいの群れらしい。道には食べかけの栗が散乱している。すぐ裏が山の斜面になっていて、猿はそこに逃げ込んでいく。必死で写真を撮るが、ピンぼけ。

後ろからすごい勢いでベックとスコールがわたしを追い抜き、急斜面をものともせずに駆け上っていった。おお、かっこいい。ココは？　ココはどうした？　と見まわすと、白いプリプリしたお尻が茂みに見え隠れ。どうやらココは急斜面を登るつもりはないらしく、山すそを興奮気味に走り回っている。

「ココもちゃんと登りなさい」

ココの父ちゃんと母ちゃんはけしかけるが、磯本さんは笑って言う。

「いいのいいの。ココはウロウロするだけで、充分に猿にプレッシャーを与えることができるんだから」

できる範囲でがんばればいい。ほかの犬と比べなくていい。そんなふうに言っているように聞こえた。


山に消えて行った二頭の犬を追って、磯本さんも急斜面を峰まで登るという。

「あの、わたしも付いていっていいですか」

「いいけど、気をつけろよ！」

急斜面をひいひい言いながらよじのぼる。木の枝をつかみ、幹にしがみつき、土まみれ。

「ほら、ここが猿の通り道」

磯本さんが指さすところを見ると、斜面にけもの道ができている。

一五分くらいかけて、やっとの思いで峰にたどりつく。が、もうとっくに猿の影も、それを追っていった犬の姿もない。

「スコーーール！　ベーーック！」

磯本さんは、登ってきたのとは反対側の斜面に向かって犬の名を呼ぶ。汗ばんだ体に、峰を吹き渡る風が気持ちいい。

犬たちの帰りを待ちながら、磯本さんと雑談。磯本さんは髪が長い。それをちょんまげのように結って帽子のなかにつっこんでいる。

「これはゲン担ぎなんだよ。何年か前にかみさんが事故に遭って、もうそういうことのないように、そのときから伸ばしてる」

コワモテの教官は、サングラスの奥ではにかんでいるようだった。


犬たちが戻ってきたのは四〇分後。ココは、「ひと仕事終えたぜ」という精悍《せいかん》な顔つきで戻ってきて……すぐに父ちゃんにまとわりついてフニフニと甘えた声を出す。

「お前はまだまだ子どもだな」

磯本さんは、からかいながら容器に水を注いだ。ココはそれをがぶがぶ飲み、それから体を横たえ父ちゃんの靴の上にあごを乗せた。

「体のどこかが触れあっていると安心するんだよね。哺乳類《ほにゅうるい》の特徴だね」

わたしも、哺乳類の端くれだ。触れあっていると安心するというココの気持ちはよくわかった。

「哺乳類はかわいいよな」

磯本さんは小さくつぶやいた。

「おれ、ほんとは猿、好きなんだよ」

「？」

なにか聞いてはいけないことを聞いてしまったような、でもとても重要なことを聞いたような……。あえてなにも言わずにいると、磯本さんはひと呼吸おいてから話し出した。

「猿で困っている人の気持ちもわかるし、そのために犬ががんばるというのはいい仕組みだと思って、こうやって本気で訓練してる。でも、子どもの猿なんか見るとさ、やっぱりかわいいんだよ」

「やっぱりかわいいですか」

「かわいいよ。犬に追いかけられてかわいそうだなぁって、つい、ね」

「思っちゃいますか」

「うん。だって、おれ、子どもの頃からずっと生き物係だからさ」

あぁ、磯本さんは生き物係だったのか。犬の訓練士になる人は、生き物が大好きに決まっている。そういう人が、立場上、猿と敵味方にわかれて仕事をするのはしんどいことなのだろうなぁ。でも同時に、モンキードッグを育てるのが猿をかわいいと思う人でよかったという気もするのだった。

ココはこの日、無事に卒業を許され、父ちゃん母ちゃんとともに家路についた。甘えん坊で斜面は苦手なココだけど、モンキードッグとしての犬生に幸あれと祈る。

看板のモデルは
モンキードッグ第1号のクロ

鵜飼の鵜
鳥が教えてくれた最高の死に方

「こんど長良川《ながらがわ》に鵜飼《うかい》を見にいくんだ」と自慢すると、いろんな人がいろんなことを言った。

俳句の宗匠《そうしょう》は目を細めて、お、いいねぇ、と言い、おれは(大分の)日田《ひた》の鵜飼は見たけど長良川ではまだ見てないんだよなぁとちょっと悔しそうに付け加えた。俳句の世界では、「鵜飼」は大事な夏の季語で、たとえば春の「遍路」や秋の「大文字」のように本場で味わって遊ぶのが通《つう》とされているようだ。かの俳聖も長良川の鵜飼を見て俳句をつくっている。

おもしろうて やがてかなしき 鵜舟かな　松尾芭蕉

ある友人は、鵜飼の鵜ってなんだかかわいそうだよね、とつぶやいた。獲物を見つけて、狩りをして、よーしと食べかけた瞬間に首を締められるんでしょ。それで魚をオエーッと吐き出さなきゃいけないんでしょ。動物虐待って気もするよね。

また別の女友だちは、「むかし、鵜飼のような恋愛をした」などと言い出した。なんでも、常時五、六人の男をつなぎとめておき、順番にごはんをおごってもらって、鵜《う》匠《しょう》の気分を味わった、とか。なんだそりゃ。

本を書くやつは、たわけじゃ

お盆は過ぎたが、東京からの新幹線は混んでいた。名古屋で乗り換えて岐阜駅に降り立ったのは日の盛り。覚悟していたが、暑い。

バスで長良川のほとりまで出てみたが、じりじりと照りつけるばかりで、風はそよとも吹かない。川幅は一〇〇メートル以上、対岸に金華山《きんかざん》がそびえている。山頂には岐阜城。織田信長がいたころも、岐阜の夏はこんなに暑かったのだろうか。

汗をぬぐいながら鵜飼ミュージアムを見学し、そこから歩いてすぐの「鵜《う》の庵《いおり》 鵜《う》」へ向かった。鵜匠の山下純司《やましたじゅんじ》さんが営んでいる喫茶店だ。鵜飼は日が暮れてから始まる。それまでのあいだ、山下さんからはなしを聞かせてもらうことになっていた。どうでもいいけど、店名、「鵜の庵」でいいんじゃないか。さらに「鵜」を重ねるところになんらかの意味が隠されているのだろうか。

上品で落ち着いた雰囲気の店で、ほかにお客さんはいなかった。壁の一面がガラス張りになっていて、中庭に住む鵜たちを眺めることができる。

鵜、想像していたよりずっと大きい。

全身をつやつやと黒い立派な羽《はね》が覆い、堂々とした足とくちばし。怖がるふうもなく窓ガラスに近づいてくる鵜もいれば、植木のあいだをもぞもぞと動き回るもの、庭の池に入ってさかんに水しぶきをあげるもの……鵜は思い思いに暑い午後を過ごしていた。

しばらく鵜を観察していると、母屋のほうからポロシャツ姿のおじさんがやってきた。鵜匠の山下さん。七七歳。

「ふーん。わしのはなしを聞いて、本にするのけ。わしは本は読まん。ぜんぶ鵜から学んどるで。本を書く人間や学者先生なんてもんは、たわけじゃ思うとる」

「たわけ……」

「自然のことも知らねえで、パソコンなんて使っとるもんはたわけじゃろ」

「ふふふ」

はなしは、たわけの連発から始まった。攻撃的でも批判的でもなく、挨拶がわりの頑固じじいのサービスのような口ぶりで、なんだか、いきなりおもしろい。岐阜弁のダグダグした感じも楽しく、聞き流すには惜しいと慌ててレコーダーの録音ボタンを押す。

わしは昭和の一四年の生まれやでな。翌々年、一六年におっかさんが亡くなった。長良川の河原に牛を飼ってみえた人がおってな。おっかさんがおらんで、その牛の乳を買って、わしや妹はそれで育ったんや。

いまは鳥屋《とや》が外にあるけど、昔は玄関を入ったところに鵜がおった。同じ屋根の下で鵜とともに生活しとったということや。子どものころは鵜をなぶることはせんな。鵜は犬や猫と違うて、つつくでな。

この職業に入ったのは、高校からやな。夏になると、船頭さんが、体がえらいもんでずる休みするがね。そういうときに引きずり出されるわけや。鵜をなぶったことはなかったけれど、舟は漕げるでね。わしらにとって舟はおもちゃみてえなもんで、小学校の高学年になれば好きに乗れるようになっとるで。中学生にもなれば船頭のかわりぐれえできるわな。一五（歳）になりゃ成人やで。

「えらい」とは、しんどいという意味の方言だとわかったが、「なぶる」とはなんだろう。わからなかったが、わかったふりでうなずいた。あとで調べたら、触るという意味らしい。

フンは舐《な》めてまうがね

鵜飼は古来、中国、インド、ベトナムなどでおこなわれてきた漁法で、日本には一三〇〇年前（奈良に平城京ができたころ！）にはすでにあったらしい。長良川の鵜飼はとくに名高く、江戸時代になると尾張《おわり》藩に庇護され、鵜匠は苗字帯刀が許された。

現在、岐阜市には六軒の鵜匠家がある。宮内庁に献上する鮎を獲り、「宮内庁式部職」という大層な位が与えられている。世襲制で、引退したらその家の息子が跡を継ぐため、鵜匠はつねに六人。鵜匠の家の長男として生まれた山下さんは、幼いころから鵜匠になることが決められていたわけだ。「ほかの仕事がやりたいとは思わなかったですか」と尋ねると、コーヒーをズズとすすって語り出した。

そんなもん、鵜の家に生まれた人間は鵜をやるいうんが、長良川では昔から当たり前のことやで。いいも嫌もない。

わしに言わせりゃ、学校行って、就職して、週に二日も休んでな、六〇で定年になったら明日から来んでもいいって言われて、それからボサーッとして、老人ホーム入《へえ》って死んでいくのもな、意味ねえわなぁ。

山下さん
なぶる

家業を中心にして一生を暮らす。それは自由はないかもしれんが、その分いろいろ考えるがね。鵜と生活するだけで、考えることは無限にあるんやて。旅行なんて必要ない。景色がちょっと違うだけやろ。そんなもん、毎日、金華山見とったほうがよっぽど深く考えられるで。この世におれる時間は決まっとるんやで。だったら分散していろんなところに行くのは意味ないわ。

職業選択の自由があったり、旅をする自由があるよりも、決められた場所で決められた仕事をするほうが考えは分散しない。深く考えられる。そうなのか。そうかもしれない。七七年も同じ山と同じ川を見続けてきた人の言葉には妙な説得力があった。

わしは本を読まん。人のはなしも聞かん。鵜からいろんなことを聞く。そういう生き方や。人間同士で生活しとると、だんだんだんだん心が縮んでってまう。うつ病とかなぁ。ほかの生き物はそんなことになっとれん。もともとな、学校や宗教があるのは人間だけやからな。ほかの生き物は学校も宗教もねえけどちゃんと健康に生きられる。ちゃんと子孫がつくれる。そういうふうになっとる。

いまわしにとっていちばんいい時間はな、鳥屋の掃除。そのときにいろんなことを感じたり、考えさせられたりする。毎日はせん。一週間に一回くらいかな。むつかしい仕事やないで。床を掃いて、籠を洗う。鳥屋掃除をしとるとき、鵜のフンが自分の顔についたら、舐めてまうがね。汚いとは思わん。自分の手で食べさせた餌《えさ》が、フンに形を変えとるだけや。舐めたって病気になんかならへん。

　現在、山下さんのところには二一羽の鵜がいる。毎晩、鵜飼に出るのは一二羽で、残り九羽はおやすみ。鵜たちに名前は付いていないが、もちろん山下さんには二一羽の見分けがつく。性格は一羽ずつ違うという。

　彼らは茨城県日立《ひたち》市の太平洋岸で生けどりされたウミウという種類。お隣り中国ではカワウを使った鵜飼がおこなわれているが、日本では昔からウミウを使う。ウミウのほうが体が大きく、漁に向いていると考えられてきたためだ。しかし、ウミウは国の一般保護鳥に指定されていて、捕獲が禁じられている。ただ日立市の「鵜狩場」だけは特別に捕獲が許されていて、そこで捕らえられたウミウが日本各地の鵜匠の元に売られていく仕組みである。

　ウミウは渡り鳥。春には千島《ちしま》列島や北海道沿岸部を目指して北上し、秋には伊豆半島や遠くは九州方面へと太平洋岸を渡っていく。山下さんのところにいる鵜たちも、もともとは旅暮らしをしていたのである。だが道中、日立の岩場に舞い降りて羽を休めているところを、ガバッと生けどりされてしまった。自由でもあり過酷でもある野生生活は唐突に終わりを告げた。そして待ち受けていた第二の人生は、鵜匠に操られながら川で鮎を獲るというまったく予想外のものだった。

年の暮れにな、日立で捕獲された野生の鵜がここへやってくる。二、三歳の若い鵜や。毎年だいたい一羽。来ない年もあるけどな。

ここへ来たあくる日の昼前に湯ぅを沸かして、自分が使っとるタオルで体をきれいに洗ってやるの。ほんで、なぶるがね。頭からお尻までずーっとなぶる。それを一日に二、三回、毎日やる。わしの手を使《つこ》うて、人間との触れ合いを毎日やるわけ。そうしながら籠のなかで三カ月間、ここの様子を見てもらうの。四カ月目に籠から出して、鳥屋のなかにほかの鵜と一緒に入れるの。最初の一週間はなかなか出てこない。でも自信がつくと、ほかの鵜と一緒に出てくるようになる。

そのときにな、昔は羽(の筋)を切っとった。飛んで逃げていかんようにな。でもいまは羽を切らんの。野生の鳥だったときのまんまの姿で生活さす。それでも飛び立っていかんの。

最初の三カ月、毎日頭からお尻までこうやってなぶってやると、だんだん人間のことがわかってくる。おれの役割はこういうことか、とわかってくる。ほかの鵜からいろいろとはなしを聞いてな。それで、おれも一生ここにおる、と腹を決めてくれるわけや。そうして一緒に生活していけることになる。

ふしぎなはなしだった。野生の鵜がたった三カ月で人間に慣れるとは。どこへでも飛んでいけるのに、鵜匠の家にとどまり鵜飼を一生の仕事にしようと覚悟を決めるとは。渡り鳥であるウミウは夏の暑さも冬の寒さも大の苦手らしい。岐阜なんて夏は暑いし冬は寒いし、海もない。それでもこの場所を離れないのは……

「鵜は、鵜飼の仕事が好きなんですかね」

そう問うと、山下さんは当たり前だという顔をした。

「そりゃ、好きなんやろ、逃げんのやから」

その当たり前の顔つきのまま、続ける。

「ま、逃げるという言い方自体がおかしいけどな。もともと地球は生き物が生活する場なんやで。人間だけがほかの生き物を閉じ込める。ほんとはそんな権利あらへん」

すごいことを言うなぁ。

この界隈の鵜匠で鵜の羽を切らないのは山下さんだけらしい。自分が歳をとるに従い、鵜をなるべく自然のままにしてあげたいと思うようになったという。鵜飼に出ない鵜には、夕方食事を与える。それも、ほかの鵜匠さんは「餌は四時」というように時間で決めているが、山下さんは日の入り時刻や天候を見ていちばんいいタイミングであげる。鵜の気持ちに寄り添って、夜になってのどが渇かないように配慮するのだとか。

「鵜たちは、山下さんのことをどう思ってるんですかね。お父さんだと思っているのかな」

「そら、便所係やと思っとるわ。わはは」

一三〇〇年で初めての珍事

庭に出てみた。何羽かの鵜がウロウロと歩き回っている。今日は暑いから落ち着きがない、と山下さん。庭の片隅のあずまやに猫がだらんと伸びていた。鵜と猫は互いに干渉し合わずに共存しているらしい。「鵜と猫はしゃべらんな」という言い方がなんとなくおかしかった。

鵜どうしは、よくしゃべるらしい。鵜は二羽がペアを組んでひとつの籠に住んでいる。このペアは死ぬまで変わらない。

新しい鳥が来るとな、それと一緒にしたい古いやつと同じ籠に、間仕切りをして入れておくの。そうすると、ふたりではなしをするがね。うまくおさまって同じ籠で生活できるようになる鵜もおるし、あかなんだ（ダメだった）ということでほかの鳥と組み合わせる場合もある。

コンビを組んどる鵜どうしは顔を合わせてしょっちゅうしゃべるがね。片一方が仕事から帰ってきたら、「あんた、今日はよう魚獲れたか」なんて話してる。そりゃ、人間でも家族とそんなこと話すやろ。どっちかが年とってきたら、ちゃんともう一方が面倒をみる。年寄りの鵜を敬ういう気持ちもあるし、上のもんを見て、見よう見まねで育っていくのも人間と同じや。いや、近頃は人間より鵜のほうがよっぽど情が濃いかもしれんな。

同じ籠に住む二羽はつがいではない。そもそも鵜は外見からはオスとメスの区別がつかないと聞いて驚いた。そして人間に飼育されている鵜はなぜか子をなさないというから、さらに驚いた。だからこそ日立で捕獲された新しい鵜を毎年連れてくるわけだ。ところが数年前、京都の鵜飼の鵜が産卵してヒナが孵《かえ》ったことがニュースになった。一三〇〇年の歴史で初めての珍事に鵜飼業界は騒然としたらしい。

すこし日が傾いてきた。それでもまだ粘っこい暑さが一帯を支配している。船頭を務める息子さんが鵜飼の準備を始めたのを潮に、「鵜の庵 鵜」をおいとますることにした。

「今夜、見にくるんやろ」

「はい」

鵜飼のときは、岐阜市観光コンベンション協会の計らいで取材用のボートに乗せてもらうことになっている。協会の人は張り切っていた。

「一般のお客さんより好位置で鵜飼が見られますよ。せっかくだから船頭さんに頼んで山下さんの舟についてもらいましょう」

しかし山下さんはまったくやる気がない。

「わしは魚獲る気あらへんで。ほかの舟についていったほうがいいんと違うか」

鵜には自分で食べる分の鮎を獲らせるけれど、人間が売って儲けるための鮎を獲るのは気が進まないという。わしはもう七七歳だから、そういうことはもういいのだ、と別れ際までブツブツ言っていた。

鵜飼見物の夕べ

長良川河畔をぶらぶらしているうちに、やっと空が茜色に染まり出した。つくつくぼうしの大合唱。そして織田信長が喜びそうな金ピカの夕日が沈んでいった。

鵜飼は五月一一日から一〇月一五日までおこなわれる。毎晩、鵜舟を囲む屋形船が二〇隻以上出るという。最盛期には四五隻。それだけのお客さんが屋形船で飲み食いし、その晩は市内に宿泊するわけだから、鵜飼は大きな観光資源だ。

屋形船の船頭さんたちはみな威勢がよく、鵜飼見物に浮かれるお客さんをテキパキとさばいていた。聞けば、鵜飼のある半年間だけ市に雇われているのだという。

早くも一杯やり始めるお客さんたちを横目に、わたしは観光協会が用意してくれたボートに乗り込んだ。こちらはお弁当もお酒もつかないが、誰にも邪魔されずに夜の川風をたっぷり浴びる。すこし上流へ行ったところで一旦船を止め、一時間ほど待つと闇の向こうからかがり火が近づいてきた。

「あ、来た来た」

屋形船から歓声が上がる。

やがて鵜舟の輪郭が見えてくる。順番は、鵜匠たちが毎晩くじを引いて決めるらしい。

「ほうほうほうほう……」

鵜を操る鵜匠の声。

「あ、ハナの舟、山下さんですね！」

協会の人が言った。ほうほうほうのトーンでわかるらしい。わがボートは山下さん

のすぐ近くに回りこんだ。風折烏帽子《かざおりえぼし》をかぶった山下さんの顔が、かがり火に照らし出される。

首に縄をつけられた一二羽の鵜が、鮎を見つけては次々と川に潜る。首の縄には指二本分ほどのゆとりがあり、それより小さな魚は鵜の胃袋に入っていく。それより大きな魚は首のところでつかえて、人間の取り分となるという仕組み。

山下さんはときどき縄をたぐり寄せて、鵜を舟のヘリに引っ張り上げていた。鵜の首につかえた魚を吐き出させているらしかったが、手元までは見えない。売るための魚を獲る気はないと言っていたが、観客を喜ばせるためにすこしは漁をしているのだろうか。

「ほうほうほうほう……」

五〇年以上、毎日これをしている頑固じじい。かっこよかった。そしてあの鵜たちはみんな、この仕事を好きでやっているのだ。そう思いながら、鵜舟が川を下っていくのを見守った。最後は、すべての鵜舟が横一列に並んでのフィナーレ「総がらみ」。四〇分ほどの鵜飼見物は、始まってしまえばあっという間だった。

山下さんにご挨拶する間もなく、わがボートは岸に戻った。本日の取材は終了。そのままバスで柳ヶ瀬へ行き、ディープな路地の飲み屋でビールを飲んだ。ぷはー。串揚げ五本とジョッキ一杯で一〇〇〇円というすばらしい店だった。

自然界のスケジュール

翌朝。岐阜を発つ前にもう一度「鵜の庵　鵜」を訪ねた。

「いままで寝とってん」

と言いながら、山下さんが出てきてくれた。挨拶をして帰ろうかと思ったが、山下さんはそのままテーブルにつき、ふたり分のコーヒーを運ばせた。

昨日とはうって変わって、涼しい小雨が降っていた。鵜たちは鳥屋のなかでじっとしている。「今日は久しぶりに涼しいで、皆うっとりしとる」と言う山下さんも昨日よりリラックスしているように見えた。

昨夜は結局、一〇尾ほどの鮎を獲ったという。この夏は日照り続きで、鮎が少ないらしい。川に鮎が多くいるときは若い鵜を連れていき、いないときは年寄りの鵜を連れていくのだ、と山下さんは説明してくれた。

足が動かんだっても、ぶらさがってるだけで事が済むやろ。やっぱり漁に出ると、当人は気持ちがいいがね。仕事をやったという満足感や。あくる日の朝、顔を見ると、表情がはつらつしとる。

鵜のはつらつした表情とはどんなものだろう。

鵜飼の鵜は二五年くらい生きるという。そして死ぬ間際まで仕事をする。若いときは片足で立てる鵜が、年をとると両足で立つようになる。そして最後の最後は立てなくなってしゃがむ。しゃがむと食欲がなくなり、それから一週間で死ぬ。それこそが理想の死に方だと山下さんは力説する。

わしもそうするつもりや。最後まで自分の体をこき使って、体がえらなったら布団敷いて寝転んで、心配したうちの人間が医者を呼ぶ。医者は帰り際に「三日が境です」と言うんや。で、三日目に死ぬ。それが鵜に教わったわしの死に方。年とって死ぬことは怖くないわ。九九パーセント自分を使い切って死ねば悔いはないやろ。くだらんことを考えとるから怖いんやろ。それが本来の自然界のスケジュールなんや。

自然界のスケジュール。それに従っていれば病も得ず、思いわずらうこともないというのが山下さんの考え方だった。

朝、目が覚めたらすぐ起きる。せっかく自然に目が覚めたんやから。嫌なことは朝早くやるんや。青色申告とかな、ふふん。朝早く起きて仕事すると腹が減るやろ。朝メシをたくさん食べるやろ。体が丈夫になるやろ。それでまたはたらける。好循環や。人間以外の生き物は、みんなそうしとる。目が覚めたらすぐに体を動かす。朝からテレビ見とる鵜なんかおらへん。だから病気にならへんのや。自然界のスケジュールから得ることはいくらでもあるで。

たとえばな、世襲制である鵜匠の家で男の子が生まれなかったらどうするのか。そんなもん、その家が必要だと思ったら自然界が男の子をつくる。人間の力でどうなるもんでもねえろ。自然界のスケジュールに任せるしかねえろ。

悟ってるなぁ。仙人みたいだなぁ。生き物にとことん寄り添うと、つまらない我欲はなくなっていくのかなぁ。と感心していたら、「でもな、わしは一〇〇歳まで生きたいんや」と言うからちょっとずっこけた。

「いま孫が五歳やで。わしが一〇〇まで生きたら孫は二八になるやろ。そしたら鵜から教わったことを伝えられるで。そのとき気持ちよう死ねるわ」

昼前、ついに「鵜の庵 鵜」を辞す。雨は音もなく降り続いていた。長良川のほとりの停留所でバスを待つ。

いずれにしても、鵜も人も死ぬ。それまで自分の役目をどうまっとうするかだ。さてと。これからどこへ行こうか。

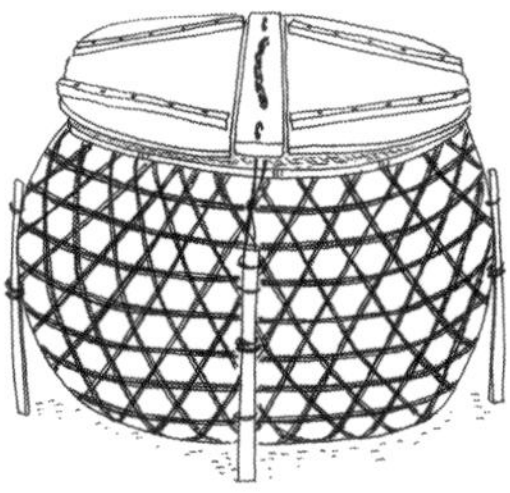

耕す馬

野原のたんぽぽ

サラダ

東京・新宿から高速バスで長野県の伊那市《いなし》駅へ。そこから路線バスで高遠《たかとお》へ。そこから日に数本しかない集落のミニバスで山奥へ。どのバスもよかったが、三つ目のミニバスがとくに印象深い。「小学校」という名のバス停から、ランドセルを背負った小さな女の子がふたり乗ってきて、運転手さんに向かって大きな声で「お願いします」とご挨拶。いいバスだった。

土の匂いのする家族

三本のバスを乗り継いで七時間。紅の濃い高遠桜とほがらかな黄色のレンギョウが咲きほこる目的地にたどりついた。そこに、馬で田畑を耕して暮らす横山《よこやま》さん一家が住む。お父ちゃんは晴樹《はるき》さん、あだ名は「よっさん」。お母ちゃんは紀子《のりこ》さん、あだ名は「のりたけ」。二歳の娘はいろ葉《は》ちゃん、通称「いろちゃん」。馬は家から車で五分ほど行った馬場に住んでいて、名は「ビンゴ」という。

家は築一〇〇年のザ・古民家。しかも長らく空き家だったため、四年前に買い取ったときは壁も屋根も朽ち果てていたとか。

「家のなかに猿のうんちがあったもんね」

「引っ越してきてから半年は、現金収入の仕事は一切しないで、ふたりで毎日家の修《しゅう》繕《ぜん》をして」

「やっと壁ができたのがもう秋で」

「一二月にストーブが入って」

「そう！　うれしかったよねぇ。でも台所はまだできてなくて、その冬は外にブルーシート張って、その下で煮炊きしていた」

楽しそうに回想するよっさんとのりたけさん。わはは、たくましい夫婦だなぁ。

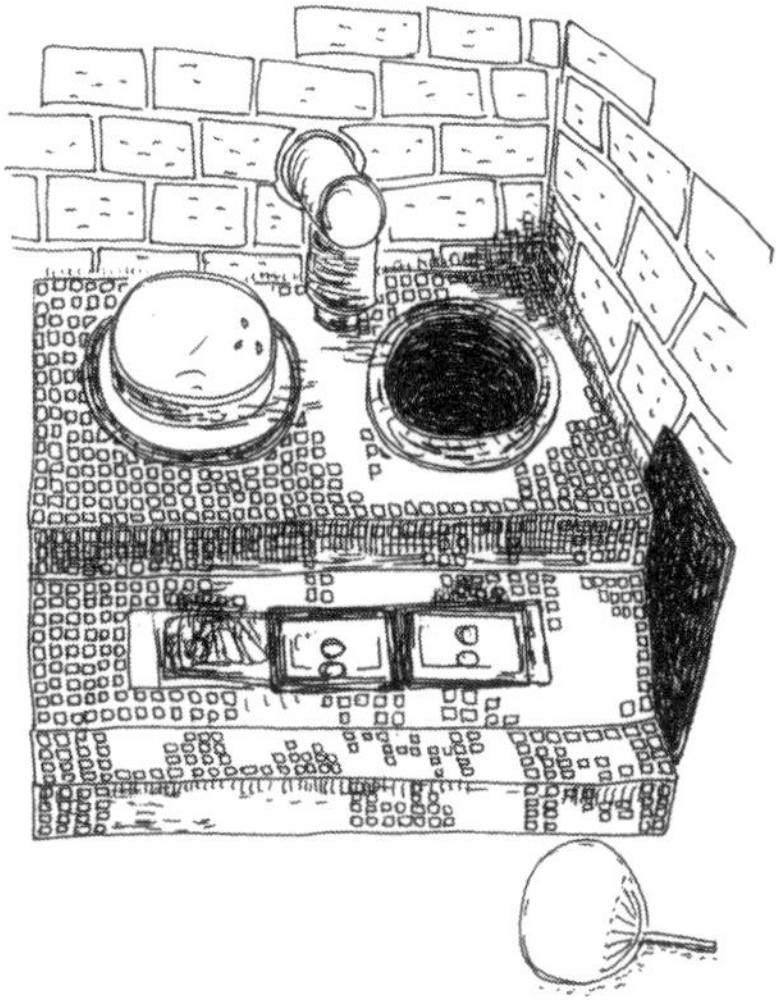

自己紹介が済んだら、さっそくビンゴのところへ連れていってもらう。いろちゃんも一緒。車を止めて、馬小屋に近づいていくと、馬場のほうからビンゴがパカパカと歩いてきた。

「お、来たか。メシの時間かな」とでも言いたげな顔つき。

ハフリンガーというオーストリアの在来馬で、骨太な、いかにもよくはたらきそうな体つきをしている。一一歳の牡馬《ぼば》、人間だったら四〇代半ばのはたらき盛りというところ。

「たてがみがふさふさ」と言うと、「お馬さんのたてがみは頭や肩を冷やさないために生えているんだよ。しっぽは虫を追い払うため」とよっさんがうれしそうに説明してくれる。車好きな人が、自慢の愛車を解説するような感じ。お馬さん、という言い方にほっこりする。


よっさんは藁《わら》を切ってバケツに入れ、そこに野菜屑と牧草キューブを足してビンゴの夕飯を用意する。そのあいだにわたしといろちゃんは馬糞の片付け。ビンゴはきれい好きで、うんちの場所を自分でちゃんと決めているらしい。深緑色のふかふかした馬糞が馬場の一カ所にかたまっている。それを熊手とちりとりを使って猫車(手押し車)に集め、堆肥《たいひ》小屋に運ぶ。

いろちゃんはいろちゃん専用の小さな熊手、ちりとり、猫車を使って馬糞の片付けをする。天使のようなもじゃもじゃ頭をふりながら、よいしょよいしょとはたらく姿がとてもかわいらしい。しかも裸足。春まだ浅い山の夕暮れ、寒いも汚いもおかまいなく、のびのびと裸足で馬糞を片付ける二歳の女の子、いいなぁ。

家に戻ると、よっさんは夕飯の仕度を始め、のりたけさんはお風呂の釜に薪《たきぎ》をくべる。「うちは、お父ちゃんとお母ちゃんの仕事がふつうと逆なんだよ。大工仕事ものりたけのほうが断然うまいしなぁ」

フライパンをかまどの火にかけながらよっさんが笑う。ふたりが出会ったのは六年前。会って三日で「つきあおう」ということになり、次に会ったときに「結婚しよう」と決めたという。

ちゃぶ台を囲んで夕餉《ゆうげ》となる。

かまどで炊いたごはん、キャベツたっぷりの自家製味噌汁、近所のおばあちゃんのお弔いで出た残りのお刺身と高野豆腐、裏で摘んできた菜の花を自家製ドレッシングで和えたサラダ、高菜の古漬け炒め、梅干し……。いろちゃんの食欲が惚れ惚れするほどすばらしい。

ごはんのあとは、お風呂をいただく。のりたけさんが笑って言った。

「川に浸かると思って入ってね」

なるほど、川から引いてきた水を沸かしているので、湯船のなかは茶色く濁っていた。熱いから水で埋めてねと言われたが、薪で焚いてくれたお湯を水で埋めるのがもったいなくて、江戸っ子の気合でそのまま入った。

「馬と仲良くなる方法」の効力

いろちゃんが寝て、山の夜はいっそう静か。よっさんの物語を聞く。

よっさん、茨城県古河《こが》の生まれ。工業高校の機械科を出たあと、大手食品メーカーの物流倉庫の仕事に就いた。毎日フォークリフトを使って入庫と出庫。トラブルがあれば二四時間連続勤務もざらだった。入社四年目、二二歳、ボーナスが出た直後のある日……

「無断欠勤して旅に出た。親にも当時つきあっていた彼女にも言わず、携帯の電源も切って」

北海道まで行き、草を食《は》んでいる馬を見て、とても癒されたという。なにがしたいのかわからない。

「でも、これまでみたいな暮らしは嫌だと心底思った」

それからよっさんは世界を放浪しはじめた。自動車メーカーの期間工としてはたらき、お金が溜まったら旅に出て、使い果たしたらまたはたらく、というサイクルで二〇代を過ごすことになる。旅した国は三七にのぼるとか。

ニュージーランドのワイヘキ島で、ベルナさんという六五歳くらいのおじさんと知り合った。家も食べ物も自分でつくる。狭い家でも、近所の人や友だちをしょっちゅう招く。馬と暮らす。そういうベルナさんの生き方が、よっさんの心と体にじわじわと染み込んできたという。

あぁ、それで。「馬耕のことを教えてほしい」と初めて電話したとき、まだ会ったこともないわたしに「狭いうちだけど、いつでも泊まりにきていいよ」と言ってくれたのかと納得する。

「馬と仲良くなる方法を教えてくれたのもベルナさんなんだよ」

いきなり馬に近づいてはいけない。距離を保ちながら静かにたたずんでいると、必ず馬のほうから気づいて、「ふむ？」とサインを出してくれる。それから近づく。馬に向かってちゃんと頭を下げて挨拶をし、鼻先に手をさしのべて自分の匂いをかいでもらう。そうすれば馬と仲良くなれるのだという。

よっさん

「いま考えるとおかしいんだけど、ニュージーランドから母親に国際電話をかけたんだ。生んでくれてありがとうって。おれはあのとき、生まれて初めてそういうふうに思ったんだよなぁ」

二九歳で日本に戻ったとき、実家の近くのポニー牧場がスタッフを募集していることを知り、初めて馬の仕事に就く。子どもたちを馬に乗せたり、ポニーキャンプをしたりという仕事が性に合っていた。その後、長野県の高遠にあった不登校児を受け入れるフリースクールの住み込みスタッフに。

半年後、イベントでのりたけさんに出会う。当時ののりたけさんは、東京都世田谷区のプレーパーク（子どもの冒険遊び場）を運営するNPO法人のプレーワーカーだった。

「それで、出会って三日でつきあおうってなったんですか」

「うん。初めて会ったとき、ニュージーランドのベルナさんに習った馬と仲良くなる方法を試したんだよ、のりたけに」

いきなり近づかず、距離を保って静かにたたずんで、向こうから気づいてもらうのを待つ……。馬と仲良くなる方法は、人間にも通じた。もともと高遠と縁があったわけではないふたり、この山深い集落で家を持ち、子を持ち、馬を持つことになる。

「いろちゃんは次女なんだ。その前に、にこちゃんというお姉ちゃんがいたんだけど、生後二日で亡くなっちゃってね」

よっさんがさらりと言い、わたしは黙ってふたりの顔を見た。のりたけさんが明るいトーンで続ける。

「それもあって、家に電線を引いたの。太陽光発電だけに頼って、もし子どもの具合が悪くなったとき、暗くて顔色が見えないと困ると思って。にこちゃんといろちゃんのおかげで、いまの暮らしがあるんだよねぇ」

かまどの上の屋根裏部屋に暖気がたまっている。そこに寝床をつくってもらい、ぬくぬくと眠った。

田んぼに笑い声ひびく

翌朝、六時起床。ビンゴに朝ごはんをあげるよっさんに付いていく。早朝の冷たい空気。馬小屋の脇の桜は、満開までもうすぐだ。

馬の朝食が済むと、人間の朝ごはん。家のまわりに自生するたんぽぽを摘む。

「サラダにするとおいしいんだよ」

それからやはり野生の菜の花を引っこ抜く。こちらはおひたし。現金収入はごくわずかでも、こうすればおいしいおかずが食卓に並ぶ。いろちゃんの食欲は朝からもの

すごく旺盛だった。ニコニコとごはんを食べる、それがすべての基本だ。

朝食のあと、残ったごはんで昼食用のチャーハンをつくり、フライパンごと布に包む。それを車の後ろに積んで、家族みんなで田んぼへ。田んぼといってもまだ水も入っておらず、耕されてもいない、ただの野原の状態。そこへ犂《すき》を入れて土を掘り起こすのが今日の仕事だ。

馬運搬用のトラックから、ビンゴが降りてくる。大きなビンゴはトラックのなかで方向転換できないので、太い蹄《ひづめ》を荷台のスロープに引っ掛けながらドドドドッとバックで降りてくる。

木に繋がれて出番を待つビンゴのところへ行き、昨夜習った馬と仲良くなる方法を試してみる。すこし距離をおいてじっとたたずんでいると、ビンゴが顔を上げてこちらを見る。お、これが「ふむ?」とサインだな。ゆっくり近づいて、頭を下げてご挨拶し、手の甲を鼻下に寄せて匂いをかいでもらった。「ふうん」という顔つきで認めてくれた。

馬の視界は三五〇度ある。よく馬の後ろに立つと蹴られるから危ない、などと言うが、子どもが馬の後ろに立ってしまったら、馬のほうがちゃんと気にしてくれるんだとか。馬の察する力は、そのへんの人間なんかよりずっと鋭い。


「じゃあ、始めますか」

よっさんが、ビンゴの首と胴に犂を引くための道具を装着する。重い鉄製の道具で、人間はそれを持ち上げるときに「よいしょ」となるが、ビンゴにとっては重さを感じるものではないのだろう。とくに嫌がるそぶりも見せず、おとなしく着けられている。

一方のりたけさんには、おんぶ紐でいろちゃんが装着される。

「あー、また重くなってる!　この前はかったら一三キロ超えてたもんね」

そしていよいよ、馬耕の始まり。よっさんがビンゴの手綱《たづな》を引いて歩き出すと、ビンゴは重い犂を引きずりながら、田んぼのなかをのしのしと進む。のりたけさんは、犂の角度をコントロールしながら、ビンゴの後ろを早足で、ときに小走りで追いかけていく。いろちゃんは、母ちゃんの背中できゃっきゃと笑う係。

ビンゴは田んぼの真ん中で立ち止まったり、早く作業を済ませたくてスピードをあげたりする。

「ビンゴ！　それっ！」

その都度よっさんが声をかけ、手綱を操り、ちょうどいい速度で歩くように促す。次第にビンゴの調子が出てきた。一頭と三人はせっせと田んぼを往復し、ひと畝《うね》、またひと畝と土が掘り返されていく。

「お馬さんは、はたらいているとどんどん気持ちよくなっていくんだよ。ランナーズハイみたいな感じにね」

華奢な体で一三キロの斤量を背負うのりたけさんは、息をハアハアさせながら犂を握りしめ馬のあとをついていく。荒い息のあいだから作業について説明してくれる。

「犂を操るのに、力はいらないんだけどね、馬の速度に、合わせるのに、コツがいるの。馬より速いと、深くなっちゃうし、遅いと、浅く、なっちゃう……」

体力勝負の農作業。でありながら、その風景は原初の営みを思わせるのどかさに満ちていた。山あいの田んぼ。家族の声と馬のいななき。ときどき鳥の声。

ビンゴの風格

ここはもともと、はたらく馬がたくさんいる土地だった。

木曽馬《きそうま》は、体が小さく、粗食に耐えて、力持ち、と三拍子揃った農耕馬。その産地である長野県南西部では、多くの農家が木曽馬と一緒に暮らしていた。毎日、馬が食べる土手草を刈ってくるのがこの辺りの子どもの日課だったのだとか。でも昭和三〇年代にトラクターが導入されると、馬は姿を消していった。

よっさんとのりたけさんが馬耕の暮らしを始めたのは、地元の小学校で飼われていた木曽馬を譲り受けたのがきっかけだった。でもその馬は気性が荒く、どうしても馬耕には向かなかった。一度やろうと決めた馬耕をどうにかして続けたい。そう思っていたとき、岩手の馬方《うまかた》さんから、気だてのいいオーストリアの在来馬がいるという情報が舞い込んだ。それがビンゴだった。

「岩手に会いにいって、手綱を握った瞬間、これはいけるぞと思った」

はたらく馬にとって大事なのは、とにかく堂々としていること。予想外のことが起

こってもオタオタしない。人間が不安になっても、馬が動じなければ人間を救ってくれる。ビンゴにはそういう風格が備わっていたという。それで、よっさんはビンゴを月三万円の分割払いで譲り受けた。「車を買うようなもんだね。ガソリン代はかからないかわりに、牧草キューブの費用が月に七、八〇〇〇円かかるけど」

馬耕の道具は、近所の農家の蔵で眠っていたものをもらってきた。もともと馬耕が盛んだった土地だけあって、ビンゴと一緒に畑にいると、通りすがりの人がしょっちゅう声をかけてくるとか。

「デイサービスに行く途中のじいちゃんばあちゃんが『腰の入れ方が違う！』なんて身を乗り出して指導してくれるんだよ。お宅の馬のおかげでおじいちゃんが若返りましたなんて言われてな」

ビンゴの土起こしがひと段落すると、次は人間だけで稲の種籾《たねもみ》まき作業。パレットに新聞紙を敷き、土を入れ、均《なら》し、種籾をまいて、水をたっぷりかける。一連の作業に没頭していると、いつもほがらかないろちゃんのご機嫌が悪くなった。

「ぱんぱん食べる！　ぱんぱん食べる！」とくりかえし主張。のりたけさんが「ごはんならあるよ。ごはん食べる？」と言うのだけれど、いろちゃんはひたすら機嫌を損ねて、「ぱんぱんがいい！　ぱんぱん食べたい！」と泣き出す。あぁ、そのときののりたけさんの対応がすばらしかった。

「そうかぁ、いろちゃんはパンが好きなんだねぇ」

「(泣き声)ぱんぱん食べたい！」

「でもいまパンはないのよ」

「(大きな泣き声)ぱんぱん食べたい！」

「パンがないと悲しくて泣いちゃうねぇ」

「(もっと大きな泣き声)ぱんぱんがいいの！」

「パンがなくてお母ちゃんも悲しい」

「(ひたすらギャン泣き)」

「じゃあ一緒に泣こう。パンを思って泣こう」

そう言ってのりたけさんは、かなり本気の泣き真似をした。

わたしは隣りで種籾をまきながら、しみじみと母娘の会話を味わっていた。すげぇなぁ、のりたけさん。「ないものはないの」「いま仕事中なんだから」「わがまま言わないで」「いい加減にしなさい」みたいなことは一切言わない。いろちゃんの言うことをぜんぶ受け止めて、自分の感情も素直に表現する。しかも怒りではなく悲しみとして。

これはイヤイヤ期の子どもへの対応としてすばらしいのではなく、人と向き合う方法としてすばらしいんだな、きっと。

お母ちゃんは、手綱を握る

その晩、今度はのりたけさんのはなしを聞く。まずはよっさんとのなれそめなど。

「新月に願い事を書き出すと叶うっていうおまじない、知ってる?」

のりたけさんは、二〇一〇年三月の新月の夜、理想の恋人像を紙に書き出し、こういう人と出会えますようにと願ったのだという。そしたら、二カ月も経たないうちによっさんに出会った。きゃーすごいなんて書いたの、えー恥ずかしいなー、教えて教えて、などと女子高生のように盛り上がる。

「えっとね、旅が好きで、物をつくるのが好きで、自然のなかにいるのが好きで、夢があって、笑顔がかわいい……とか、そんな感じかな」

「わぁ、まんまじゃん!」

「ふふふ。わたしもよっさんに会ったとき、おおって思った」

などと甘い恋バナを繰り広げていたのだが、はなしはだんだんディープになっていく。

のりたけさん

わたしは別に馬が好きなわけじゃないの。けど、それがよっさんの夢なら一緒に追いかけてみようと思った。でも何度も喧嘩したし、殴っちゃったこともあるの。

「な、殴った?」

馬を飼い始めたころ、よっさんは口では「馬耕をがんばる」と言いながら、一方で引き馬(観光客を馬に乗せる仕事)を自分から売り込んでいた。イベントなどで引き馬をやると、一日数万円の収入になることもある。でもいつまで経っても馬耕の技術は上達しない。それがのりたけさんには歯がゆかった。「馬耕を本気でやるんだったら応援するけど、安易なことに逃げるなら応援しない」とそのたびに喧嘩になった。「殴った」のは、有名な調教師に馬を見てもらった日のことだ。その調教師は「これはひどい。馬が悪いんじゃなくて、人間が悪い」とボロクソに酷評した。家に帰ってきたよっさんは、つい言ってしまった。

「あの調教師はわかってない」

そのひとことで、のりたけさんはぶち切れた。よっさんの大きな体に体当たりして、思いっきり頬をひっぱたいた。「離婚する!」と叫びながら。たまたまその晩、茨城からよっさんのお父さんが泊まりにきていて、ふたりの喧嘩を止めに入った。頭に血が上っていたのりたけさんは、義父に向かって「うるさい!」と怒鳴ったらしい。わはは、やるなぁ、のりたけさん。

「わたしもみんなも応援しているのに、謙虚さのかけらもないこの態度はなんなんだ、と思ったら、もう腹が立って、腹が立って。こんな人とは一緒にやっていけない、と本気で思ったの」

そしてついに、よっさんは決意する。岩手の馬方さんの元でイチから馬耕を学ぼう、と。それで歳下の馬方さんに頭を下げて弟子入りし、四カ月の修業を積んだ。のりたけさんは、その間、住み込みのバイトをして家計を支えた。岩手から帰ってきたよっさんを見て安心した、とのりたけさんは笑った。


おしゃべりしているうちに夜が更けた。わたしたちが口をつぐむと、静寂がひたひたとちゃぶ台を覆う。いつのまにかお風呂からあがっていたよっさんが、大きなやかんからお茶を注ぎ足してくれる。女どうしの会話をどこまで聞いていたのかわからないが、はなしを締めくくるようにぼそりと言った。

「馬と仲良くなる方法で近づいたのりたけに、いまでは手綱を握られてる……」


翌日、ビンゴのうんちを拾うのが上手になったわたしは、得意になって馬糞用の態手を何度も握った。夕方、高遠の駅まで送ってもらい、帰りは二本のバスを乗り継いで東京に戻った。たぶん隣りの席の人は、わたしのことを馬糞臭いやつだなぁと思っただろう。

盲導犬

自由とはビールを飲みにいく夜道

大阪へは、夜行バスで出かけた。朝八時半、天王寺《てんのうじ》のバス停に降り立つ。ゆっくり朝食をとって、コーヒーをおかわりし、それでも約束までたっぷり時間がある。鶴橋《つるはし》まで歩いていくことにした。

小一時間かけて歩いた天王寺区と生野《いくの》区にまたがる路地は、なかなか味わい深かった。「ひったくりに気いつけや」とおばちゃんが呼びかける町内会のポスター。「22時」と書かれた提灯を掲げている夜間診療の歯医者さん。「飛び出し坊や」の看板を見つけて近づいてみると、チマチョゴリ姿の「飛び出し少女」だった。大きい声で立ち話をするおじさんがふたり、そのコテコテの大阪弁が楽しい。

取材相手の門川《かどかわ》さんに会ったら、ご挨拶がわりに「この界隈はおもしろいところですねぇ」と言ってみよう。と歩きながら考えて、あ、と思考が止まる。あ、そうか、門川さんは目が見えないから、ポスターのおばちゃんのおかしな表情を話題にしても共有できないんだった。では大阪弁の話を、と思って、また思考が止まる。ダメだダメだ、門川さんは耳も聞こえないのだ、大阪弁の話なんかしたら疎外感を抱くかもしれない。いや、そういうふうに特別視することがかえって失礼なんじゃないか。ふつうに接するのがいいのか。え、ふつうってなんだ。む、むむ……

軽やかなりし指点字

門川紳一郎《しんいちろう》さんは、視覚と聴覚の両方に障害がある「盲ろう者」だ。二〇一六年の春に盲導犬ユーザーになった。日本で盲導犬と暮らす盲ろう者は門川さんだけだという。光も音も奪われた状態で、どのように盲導犬と接しているのか。街を歩くときに危険はないのか。犬は、どうはたらいているのか。いろいろと聞いてみたくて取材を申し込んだ。指定された場所は、盲ろう者をサポートするNPO法人「すまいる」。もともと門川さんが立ち上げた組織で、そこに行けば通訳の人がいるのでインタビューができるという。

平日午前中のすまいるには、盲ろう者、スタッフら二〇人ほどがにぎやかに集っていた。奥の部屋に通されると、門川さんと通訳者の石塚祐一郎《いしづかゆういちろう》さんが待っていてくれた。門川さんは明るいピンクのTシャツに黒いジャージのズボン姿。今年五一歳だと聞いていたが、とても若々しく見える。ほがらかな体育の先生みたいな感じ。石塚さんは顔立ちも雰囲気も柔らかい青年で、黒いパーカーに紺のパンツ姿なのは黒子に徹するという意思表示なのだろうか。

石塚さんが門川さんの手をとって、わたしが立っている方向を示すと、門川さんはこちらに顔を向けて「初めまして、門川です」とやや甲高い声を発した。「遠いところ、ようこそいらっしゃいました」。抑揚の少ない、でも、とてもなめらかな口調だった。テーブルに案内され、わたしは門川さんの向かい側に座る。石塚さんは門川さんと並んで腰を下ろし、門川さんの両手の甲に自分の左右の手をかぶせて、指をパタパタと動かし始めた。あぁ、これが指点字《ゆびてんじ》。

「お会いできてうれしいです」

そうわたしが言うと、それを石塚さんが指点字で門川さんに伝える。門川さんの人さし指、中指、薬指を点字タイプライターに見立てて、五〇音を直接打つのである。「お」「あ」「い」「で」「き」「て」「う」「れ」「し」「い」「で」「す」と、ものすごいスピードで。ほとんど間をおかず門川さんが

「こちらこそ。よろしくお願いします」

と声を出す。それを石塚さんが

「こちらこそ。よろしくお願いします」

と繰り返す。

門川さんは自分自身の声を聞くことができない。だが、そのしゃべりは想像以上に明瞭だった。とくにわたしは、年配の友人や酔っ払いの友人とのつきあいで、日夜、

門川さんと石塚さん

日本語のヒアリング力を鍛えている。門川さんが発する言葉の九五パーセントが理解できた。それでも伝わらないことが万にひとつもないようにと、石塚さんは門川さんの言葉を丁寧にリピートする。門川さんが「ええと」と言えば石塚さんも「ええと」と言い、「なんだっけな」と言いよどめば「なんだっけな」と忠実に繰り返すのが印象的だった。

「いま、盲導犬のベイスは、近くの獣医さんのところにいます。ノミ・ダニの薬の処方とシャンプーをお願いしていて、午後に迎えにいくことになっています」

門川さんは、この場に犬がいない理由を説明してくれた。

「わかりました。わたしははたらく動物を取材していて、ベイスの仕事ぶりについて知りたいと思っています。でもベイスにはインタビューできないので、門川さんのおはなしを聞かせてもらいたいと思います」

わたしの言ったことが同時通訳で指点字に変換されていく。「ベイスにはインタビューできないので」のところで、門川さんがにこっと笑った。

指点字で尋ね、声で答える（それを石塚さんがリピートする）という形の数時間におよぶインタビューが始まった。

ぼくは野球がやりたかった

ぼくが三歳か四歳のころ、周囲の人間が「目が見えてないんじゃないか」と気づいたようです。と言っても、いまよりかなり見えていたと思います。小さいころは転びながらも自転車に乗ったり、街中をかけっこしたりもしていましたから。いまは光と影がわかる程度。

耳はもともと……。まわりの会話を聞いた記憶がないのです。だから、会話の流れというのがどういうものか、ぼくにはわからない。ただ不思議なことに、生後一年半くらいのときに「妹が生まれたよ」とおばあちゃんから聞いた記憶があるんです。幼稚園のころまでは簡単なやりとりはできていたように記憶しています。「ごはん食べる」とか「遊びに行く」とか。でも幼稚園のときに高い熱が出て一週間ほど苦しんで、それで完全に聞こえなくなりました。

門川さんは、小学校から高校まで盲学校に通った。同級生たちは、目は見えないが耳は聞こえる。でも門川さんは先生の言うことがまったくわからない。当時は授業のときに通訳者が隣りについて盲ろう者を介助するシステムも確立しておらず、門川さんだけクラスのみんなとは別に、先生と一対一で向き合って授業を受けたという。

先生はぼくの目の前に座って、点字のタイプライターに伝えたいことを書いてくれる。それをぼくは指で読んで、理解して、先生の質問に答えていく、という形です。授業によっては、つまらないんですよ。たとえば国語なんかは、ただひたすら点字の教科書を読んで、知らない単語を書き出せなんていうので、おもしろくもなんともない。早く終わらないかなぁと思っていました。

音楽の授業も一対一でやってくれたけど、これもわけがわからない。ドレミファソラシドと発声をしていくのだけどどうやってもできないし、なにがどう違うのかもわからない。音楽もおもしろくなかったなぁ。

体育もね、走るのはいちばん遅かった。盲学校では、大きなボールを転がしてやる野球があって、ぼくはその野球がやりたくてね。でもぼくにはボールが近づいてくる音が聞こえない。だからバットで土を掘るだけ。サッカーだって、人の足を蹴って退場……でしたね。

障害のせいでみんながさることができない。どんなに悲しく悔しかっただろう。

まして思春期に。でも門川さんの話しぶりには気負いがなく、ときに「いやぁ、困っちゃってねぇ」と苦笑いするようなとぼけた味があり、聞いているこちらもついクスリと笑ってしまうのだった。わたしがうなずいたり、笑ったりすると、石塚さんが指でその反応を伝える。それで門川さんも、にっこり笑い返してくれる。

唯一楽しかったのは英語の授業、と門川さん。やはり先生と一対一の点字タイプライター方式だが、先生が熱心だったおかげで英語がすこしずつ好きになった。「と言っても、発音はできないし、カタカナで読む程度です」と門川さんは謙遜するが、英語が好きになったことはのちに大きな意味をもつ。

もうひとつ、盲学校時代は寄宿舎生活を送っていて、それが刺激的で楽しかったという。当時、学校で盲ろう者は門川さんだけで、「お前には将来の希望がない」なんて言う人もいた。でも寄宿舎には仲間がいた。

ある日ぼくがごはんを食べていたら、寄宿舎の先輩が近づいてきて「手話サークルをつくろう」と言い出したんです。その先輩はたまたまろう学校の先生と知り合って、手話というものがあることを知ったらしいんですね。「手話をおぼえたい。それでお前とコミュニケーションがとりたいからやろうじゃないか」と。

その当時のぼくの視力は、顔を近づければ、ちょっとだけ、なんとなく、相手の手の動きが読めるという感じ。手話なんておもしろくねえや、と思ったんだけどね。だいたいみんな目が見えないんだから、手話なんて必要ない。でも、やろうやろうと仲間が集まってきて、そのうちぼくが手話サークルの部長になって、みんなで活動しました。手話で「手のひらを太陽に」とか「遠い世界に」という歌を歌ったり。「遠い世界に」という歌、知らないかな、「遠い世界に旅に出ようか」という歌詞の歌です。ほんまに、盲学校で手話サークルなんて、いま考えればようそんなことやったなぁ。

遠い世界に旅に出ようか、と歌っていた一〇代の「門川くん」を想像してみる。友だちとたくさん笑ったんだろう。そして不安がたくさんあっただろう。障害があろうとなかろうと、一〇代とはそういう季節だもんなぁ。ちなみに盲ろう者のコミュニケーション手段に、話し手が手話をして聞き手がそれを触って理解する「触手話《しょくしゅわ》」がある。いま門川さんは、指点字同様、ものすごい速さで触手話を操るが、高校のサークルでは「触」ではない一般的な手話をやっていたという。

ところで。「ほんまに」「ようそんなことやったなぁ」って、門川さんは大阪弁をしゃべるのである。日頃、門川さんに話しかける人はほとんどが大阪弁だ。それを指点字が忠実に通訳するので、自然と門川さんも大阪弁を使うことになるのだという。

「会話というものを聞いた記憶はないのに、ときどき、イントネーションも大阪弁に近いと言われることもあります。なんでかわからんけど……」

マンハッタンのカレー屋さん

さて一〇代の門川さんはその後、ほんとうに遠い世界に旅に出ることになる。盲ろう者で初めて大学進学を果たした福島智《ふくしまさとし》さん（東京大学教授）のあとを追って大学生になり、さらにはアメリカ留学を果たす。

留学は、一筋縄ではいかないことだらけだった。奨学金を得るための書類の作成、渡米時に同行してくれる介助者探し、ゼロから習得しなければいけなかった英語の手話、教科書の点字翻訳の依頼、学生寮の手続き、試験やレポート、食材を買うこと、料理をすること、アルバイト探し……。関門が次から次に出てきて、はなしを聞いているだけで気が遠くなる。門川さんはそれをひとつひとつクリアして、ニューヨークの大学院で社会福祉を学んだ。

はぁ、すごい人がいるもんだ。そして、すごい人には必ずすごい友だちがいる。すごいの連鎖だ。

アメリカでバピンという友だちと出会いました。インドの人。ぼくより五歳下で、最初に会ったとき、彼はまだ一七歳だった。バピンは生まれつきの全盲ろうで、まったく見えないし、まったく聞こえない。話すこともできません。でもなんちゅうか……すごい。記憶力がよくて、パソコンを自作したりプログラミングをしたり。いまは自分で会社をおこして、テクノロジー関係の仕事をしています。

ぼくがマンハッタンに住んでいたとき、バピンが盲導犬と一緒に会いにきてくれたことがありました。地下鉄に乗ってね。ほんまに自殺行為じゃないかと思った。しかも「カレーを食べに行こう」って言い出した。

え、ふたりだけで行くの、ふたりとも見えてないし聞こえてないのにどないするんや、と思ったけど、バピンはまったく心配していない。行ったことがあるカレー屋があるから、カレーの匂いを頼りに行ってみようと言うのです。

バピンに手引きされて行ったけど、ちょっと方向がずれていたみたいで、行けども行けどもカレー屋にたどり着かない。そしたら当時はほんのかすかに見えていたぼくの目にパトカーが見えました。「パトカーがいるぞ」と伝えたら、バピンは紙を取り出して、そこになにやら書いて、「ポリスに見せるんだ」と言って、警察官とコミュニケ

若き日の門川さんとバピン。

バピンは盲導犬と
一緒に、ニューヨークの
街を歩きまわっていた。

ーションをとっていましたね。で、パトカーに乗せてもらって。カレー屋に乗りつけました。

ふたりでカレーを食べました。盲導犬はテーブルの下でおとなしく待っていた。パピンがメニューをおぼえていて、こんなカレーがあるよと教えてくれて、そこから選びました。ビールも飲みました。

このはなしをしているときの門川さんは、じつに愉快そうだった。匂いを頼りにカレー屋へ行こうという発案。パトカーで運ばれていくインド人と日本人と犬。冒険のあとのビール。門川さんはたぶん死ぬまでその日のことをおぼえているんだろうな、と思った。

ちなみにパピンと門川さんがコミュニケーションをとる際には「アメスラン」という アメリカ手話の触手話を使うのだという。そしてふたりとも字を書くことができる。「自分で書いた字は見えないけど、たとえミミズがはったような字でも、読んでくれる人はちゃんと読んでくれます」とか。

話し込んでいるうちに、お昼になった。すまいるでは毎日、利用者のために食事をつくっている。「ひとりくらい増えても大丈夫だから」とわたしもご馳走になった。ごはん、きのこと油揚げの味噌汁、鮭の野菜あんかけ、高菜炒め。門川さんは、やや前傾姿勢になりながらせっせと箸を動かして平らげていった。

食事のあいだも、門川さんのところに利用者やスタッフが次々とやってきて、指点字や触手話で話しかけている。理事長である門川さんに伝えること、指示を仰ぐ案件がいろいろあるのだろう。無音のうちにすいすい進む会話。その鮮やかさに見入ってしまう。「饒舌な手つき」っていうのがあるんだなぁ。

しかし、あとで通訳者の石塚さんと話していたら「目の前に触手話で話しているふたりがいたら、ぼくはそれを見ないようにします。ふたりだけで話したいことかもしれないから」と言うので、わぁ、そうだよなぁ、そういう配慮がいるよなぁと恥じ入った。

わたしには触手話や指点字の会話が珍しく、じろじろと見てしまったが、考えてみればそれは他人の会話に聞き耳をたてる無礼な行為なのだった。たまたまわたしは触手話も指点字もできないので、会話の内容はちんぷんかんぷんだったけど。

大きくて白い男の子

昼食のあと、門川さんは歩いて一〇分の動物病院まで盲導犬のベイスを迎えにいった。石塚さんが手を引き、わたしもその後ろを付いていく。「秋暑し」という季語がぴったりの日で、三人ともうっすら汗ばみながら病院に到着。

「いよいよベイスに会える」

わたしがつぶやくと、石塚さんがそれを指点字で伝え、門川さんはニコニコしながら言った。

「大きいですよお」

はたして、ベイスは大きくて白い男の子だった。ラブラドールレトリーバー。門川さんが迎えにきたことを察知すると、一目散に飛び出してきて、しっぽをブンブン振り回しながら全身で喜びを表現した。決して吠えないし、飛びかかったりもしないけれど、元気いっぱいでほがらかで人懐っこい性格がだだ漏れ。そばにいるだけで自然に頬が緩んでくる。

門川さんは、石塚さんの指点字を介して獣医さんから皮膚炎の薬の塗り方を聞き、お会計を済ませ、ベイスとともに来た道を戻っていった。カーブしている路地、横断歩道、大通り、盲導犬とユーザーの絶妙なリズム。

ベイスはすまいるに着くと、大きな体を門川さんのデスクの下に入れて静かに伏せた。しばらくするとうつらうつらし始める。その平和な寝顔を眺めながら、続きのインタビューをした。

アメリカ留学から戻った門川さんは、大阪で盲ろう者友の会をつくり、一九九九年にすまいるを立ち上げた。以来一七年、盲ろう者のリーダー的存在として忙しい日々を送ってきた。なぜ、盲導犬を使うようになったのか。

四〇を過ぎて、視神経萎縮が進行してだんだん見えなくなっていったんです。以前は気が向いたら淀川《よどがわ》の土手を走ったりもできていたけど、それもできなくなりました。そんなときに大阪駅周辺の大きな工事があった。ぼくが住んでいるのは大阪駅から歩いて三〇分のところで、普段はバスだけど、時間があると白杖《はくじょう》で歩くこともあったんですね。ぼくはもともと大阪市内の隅から隅まで歩き回っていて地理的なことには自信がありました。だけど大阪駅が大きく変わってしまって、よくわからなくなった。これが七年前ですかね。とにかくだんだん行動範囲が狭くなってしまって、運動もで

きないし、ストレスがたまる。どないしたもんかなぁと。

門川さんは淡々と回想していくのだが、そもそも盲ろう者だったのに川の土手を走っていたとか、市内のほとんどの場所を歩き回ったとか、なんなんだ、この人は。とまれ、視力と大阪駅周辺の土地勘が奪われて、門川さんは困り果てた。そのときふと脳裏に思い浮かんだのが、あの全盲ろうのインド人、バピンだった。バピンは盲導犬を連れてマンハッタンを闊歩《かっぽ》していた。そうか、その手があったか。

アメリカやイギリスでは盲ろう者が盲導犬をもつことは珍しくないが、日本では前例がほとんどなかった。関係者に相談するも、みな難色を示した。でもそんなことで立ち止まる門川さんではない。数年かけて、例によってじわりじわりと関門をクリアし、願いを叶えた。

「このあいだ、ベイスと一緒に近くの居酒屋に行きました。暑い夜でね、のどが渇いてビールが飲みたいなと思って。以前、友人と入ったことがあったから、メニューはだいたいおぼえていた。それで入ってみた。ひとりで歩けることは楽しいです」

その言葉に、深くうなずく。ひとりでビールを飲みにいく、その自由。それはほんとうに大切なものだ。

盲ろう者は、外出するときにガイドヘルパーを依頼することができる。指点字や触手話をマスターしているガイドヘルパーは、盲ろう者の目となり、耳となって安全に用事を済ませることをサポートしてくれる。だが依頼できるのは基本的に朝九時から夕方五時のあいだ。夜、ふと思いついて飲みにいったり、気持ちのいい早朝に散歩をすることは、ベイスがいなければ叶わない。

「ベイスが来てくれてよかった。ほんまによくはたらいてくれます」

自分が話題になっていてもお構いなしに、ベイスは昼寝にいそしんでいる。

長所は寝るのが大好きなこと

さて、ベイスのはなしをするときに、もうひとり欠かせない人物がいる。日本盲導犬協会神奈川訓練センターの訓練士、田中真司《たなかしんじ》さんだ。

横浜市の綱島《つなしま》駅からバスで二〇分。金木犀が香る丘の道を登って、訓練センターにうかがった。はつらつとしたお兄さんという風情の田中さん、大学時代は司法試験を目指していたという。だが卒業後に訓練士の道を選んだ。それまでは視覚障害者と話したこともなかった。

「最初は怖かったです。なにが健常者と違うのかわからなくて。傷つけることを言ってしまうんじゃないかって」

その素直な告白に、わたしはうんうんうん、とうなずく。「お目にかかる」とか「目に見えて上達した」とかね、言っていいんだろうかと迷うもの。

田中さんは、仲良くなった盲導犬ユーザーとお酒を飲みにいったり、遊びに誘われたりするうちにわかってきたという。目が見えなくても、楽しく生きている人はたくさんいる。そして、そういう人と一緒にいる盲導犬はとても楽しそうにしている。

「目が見えていても楽しくない生き方をしている人もいますよね。だから楽しく生きることと、見える、見えない、とは関係ないんですよね」


そんな田中さんが門川さんに初めて会ったのは、二〇一五年の春。前年に門川さんから相談を受けた日本盲導犬協会では、盲導犬をもつことが門川さんのためになるのか、安全を確保できるのか、はかりかねていた。それで訓練士の田中さんが大阪まで出向き、実際に会って判断することになった。

門川さんが白杖で歩く様子を見た田中さんは、予想以上に歩行がうまいと感じた。そりゃそうだ、すこし前まで土手を走っていたくらいだもの。だが耳が悪いため、門川さんは片足で立つとバランスが保てない。それから犬に指示を出す言葉の明瞭さが

訓練士の田中さん

十分ではない。そしてなにより、訓練中に訓練士の言葉をどうやって伝えるか、という問題があった。

「それでも、また自由に歩けるようになりたいという門川さんの思いがとにかく強かったので」と田中さん。その思いを汲んで、できるところまでやってみましょう、ということになった。田中さんは「じつは、門川さんには言ってないんですけど……」と付け加えた。

「たとえ一回でうまくいかなかったとしても、門川さんならそれを失敗とは捉えないんじゃないかと思ったんです」

あぁ、その予想はとてもよくわかる。うまくいかないことを「失敗」と捉える人と、「目的に近づくためのステップ」と捉える人の二種類がいるとして、門川さんはまちがいなく後者だ。うまくいかないことが一回や二回あったとしても、そこで諦めたりしない人だろう。

盲導犬ユーザーになるには四週間ほど訓練センターに泊まり込み、パートナー犬と一緒に共同訓練を受ける必要がある。その前に田中さんが大阪に出向き、「盲導犬役」になって一緒に歩き、お互いに感覚をつかんだ。いきなり犬を使わず、訓練士がハンドルの先を持って歩行練習をすることはしばしばあるが、通勤経路の最初から最後までを一緒に歩くのは通常にはない試みだったという。

「盲導犬役って、犬のように歩くんですか」

「はい、中腰で歩きます。結構たいへんです」

犬への指示は声を出すと同時に手の動きも付けて、より伝わるよう工夫することにした。訓練の内容や目的を事前にメールで送り、読んでおいてもらうことで理解のスピードを速めるという作戦も編み出した。さらに、訓練中に使うふたりだけのサインを決めた。田中さんが門川さんの首の後ろを触ったら「まっすぐ進んでください」の意味。腰を触ったら「バックしてください」、右ひじなら「右へ行ってください」、左ひじなら「左へ」、肩に手で○印を書いたら「良いです」、×印を書いたら「違います」。これで、いちいち訓練を止めて、指点字の通訳を入れて会話する手間が省ける。


そうしてついに二〇一六年二月、共同訓練が始まった。歩行訓練だけではなく、犬への餌《えさ》やり、排泄、ブラッシングの実技や、犬の病気や動物に関する法律などの座学もある。門川さんは、指点字の通訳者を伴っての参加だった。

訓練二日目、門川さんの前に犬の鼻息がやってきた。それが、田中さんが選んだ門川さんのパートナー、ベイスだった。

鶴橋商店街
中華料理

田中さんは、ベイスを選んだ理由を挙げてくれた。
①体が大きいこと
耳が不自由なせいでバランスが保ちにくい門川さんには、安定感のある犬がいい。
②感度がいいこと
声の指示が不明瞭だったとしても、動きから門川さんの意思を敏感に察知できる。
③人見知りしないこと
門川さんの周囲には障害の有無を含めていろんな人がいるから。
④いたずらしないこと
吠えたり、物をかじったり引っ掻いたりしても、門川さんはその音に気づくことができないので。
⑤寝るのが大好きなこと
「エネルギーが多い子は、かまってかまってと人間に甘えてくる。それをかまってあげないと、わざと注意を引こうとして悪さをします」と田中さん。犬や猫を飼ったことがある人は知っているかもしれないけれど、そういうのを転移行動というらしい。でもベイスは、人間が忙しいときは黙って寝ている。それがすばらしい長所なのだという。

ちなみに「かまってかまって」のタイプが悪いわけではない。それにちゃんと応えられるユーザーならば、お互いの愛情が深まってベストパートナーになるという。このあたり、人間どうしの関係にも通じるなぁ。

ベイスがグレた

二〇一六年三月、桜の蕾がふくらむころ、門川さんとベイスは盲導犬協会のみなさんに祝福されて晴れの門出となった。通常は四週間で終える共同訓練をすこしだけ延長して、門川さんは五週間で卒業した。「もっとかかると覚悟していたから、予想以上にスムーズでよかったなぁと思いました」と田中さんは振り返る。

だが、たった二カ月でパートナー解消の危機を迎えることになる。

門川さんの回想を引く。

「五月の中旬、急にベイスの状態がおかしくなったんです。バスや電車から降りようとしなくなった。地下鉄の階段も嫌がって、数歩手前で立ち止まってしまう。コンビニで買い物をしようとしても、店の入り口で止まってしまう」

決定的だったのは、すまいるでの仕事を終えて帰宅しようとしたときだ。「カム《来い》」と呼んでも来ない。ハンドルを取り付けようとすると後ずさりする。ベイスの明らかな仕事放棄。困り果てた門川さんは、訓練センターに電話をかけて助けを求めた。ちょうど田中さんは海外出張中だったため、別の訓練士が神奈川から飛んできてくれた。それでベイスの態度を改めさせようとするも、根本的にはなおらない。どうしたんだ、ベイス。

「六月いっぱいはほんまに苦労しました」と門川さん。

結局、六月の終わりにベイスは神奈川訓練センターに引き取られていった。

「ベイスはもう、盲導犬としてはだめになっちゃったのかなぁ、と思いました。さすがにあのときは諦めかけました」

田中さんは、一カ月かけてベイスの行動の原因を探った。人懐こく、おおらかで、門川さんのことが大好きだったベイスが、なぜこんな反抗的な不良になってしまったのか。そこには必ず理由があるはず。「なにがあったのか言ってごらん」と語りかけても、ベイスはニコニコして田中さんを見上げるばかり。

田中さんはベイスの症状をひとつひとつ推理していった。

バスや電車から降りようとしない。それは、もしかしたら、降りるときに足を踏まれるか挟まれるかしたせいではないか。痛かったベイスが「キャン」と鳴いても、その声は門川さんには聞こえない。「あぁ、ぼくは痛かったのに、気づいてもらえなかった」とベイスは思ったかもしれない。

階段が怖いのは、落ちそうになったことがあるからではないか。「ごめんごめん。怖かったね。これから気をつけるね」と声をかけてもらえばベイスは安心しただろう。でも門川さんからなんの反応もなかったら、ベイスは「ぼくのことを心配してくれない……」としょんぼりしたかもしれない。

コンビニに入りたくないのは、レジを済ませたあと荷物がベイスの頭に当たることが何度かあったためではないか。門川さんは、リュックを背負うときに左側から背負う癖がある。ベイスは体が大きいので、背負いかけたリュックが頭に当たってしまうのかもしれない。「キャン」と訴えてもスルーされ、「あそこに行くと、頭に荷物をぶつけられるから嫌だなぁ」と思うようになってしまったのかも。

どれも推測の域を出ない。でも、田中さんの推理はたぶん当たっているのだと思う。人間どうしでも、人間と動物でも、信頼関係が揺らぐときというのは、概ねこういうパターンなんだろう。最初はどちらにも悪意なんかない。ただ受け止めてほしいことが受け止めてもらえないだけ。そのすれ違いが積み重なって、どんどん修復不可能になっていく。

修復不可能？

いや、違う。原因がわかれば、対処するだけだ。門川さんは、うまくいかないことを「失敗」とは捉えない人だ。そんなふうに考える田中さんだってそっち側の人なのだ。門川さんにベイスの声が聞こえないのは変えようがないこと。ならば、それを前提に関係を築いていけばいい。

田中さんは、門川さんとベイスに再度の共同訓練をおこなった。期間は二週間。そのあと今度は田中さんが大阪に泊まり込み、門川さんとベイスの暮らしに徹底的に寄り添って、現地訓練をした。リュックは、ベイスのいないほう、右側から背負うように変える。階段はゆっくり降りる。ベイスの恐怖心や不信感をひとつひとつ取り除いていった。そうして、ベイスは泰然としてほがらかな犬に戻った。

田中さんは言う。

「いやぁ、門川さんはすごいです。諦めないですもん。たぶん、自分のためじゃなく、盲ろう者みんなのことを考えていたんだと思います」

そして、胸を張って付け加えた。

「ベイスもすごいです。日本で唯一の仕事をしている犬ですから」

街にはいろんな人がいる

門川さんからメールが届いた。ちなみに門川さんは、パソコンに点字ディスプレイをつなげて、ものすごい速さでメールの読み書きをする。

「盲導犬の出発式があるのでベイスと一緒に新横浜へ行きます。よかったら見にきませんか」

出発式とは、この一年間に盲導犬ユーザーになった人と犬が集まって門出を祝うイベント。ホテルに一泊し、翌日はみんな一緒にゲーム感覚の訓練をするというので、見学しに行った。

二二頭のラブラドルレトリーバーが服を着て、うれしそうに集結していた。ホテルやレストランに行くときは、毛を落とさないようにという配慮から犬に服を着せるユーザーが多いようだ。青い服のベイスを伴って門川さんも元気いっぱいに参加している。今日の指点字の通訳者は東京在住の人。

訓練士の田中さんは「昨夜は久しぶりに会ったユーザーさんと夜中の三時まで飲んでいて、二日酔いです」と笑いながら出迎えてくれた。

ゲーム感覚の訓練というのは、数人と数頭でチームを編成し、新横浜の街中に設けた徒歩一五分ほどのルートを歩いていくというもの。ひとチームずつ間隔をあけてスタートし、訓練士は遠くから見守るだけで手助けはしない。盲導犬とユーザーの現場力だけで勝負するのだ。

スマートフォンに視覚障害者用の音声道案内アプリを入れたり、道を凹凸で示した触地図を用意したり、チームごとに工夫を凝らしている。門川さんのチームは三人組。要所要所で道行く人に方向を尋ねながら進もうという作戦だ。

秋晴れの空の下、門川さんチームが歩き出した。交差点や地下道の入り口にたどり着くと犬がそれを教える。チームメイトのふたりは耳を澄まして、靴音やキャスター付きのカバンを転がす音が近づいてくると声を上げる。

「すみませーん」

だが休日の繁華街で人通りは結構あるのに、誰も止まってくれない。逆に人通りがありすぎて、声がかき消されてしまうのかもしれない。「あ、盲導犬がいるよ」なんて珍しそうに眺めている人も、助けが必要だとは気づかないみたい。離れたところでハラハラしながら様子を見ている訓練士さんと指点字の通訳さんとわたし。このままじゃ、いつまで経っても先に進めない。どうするどうする。

そのとき、門川さんがさっと手を上げ

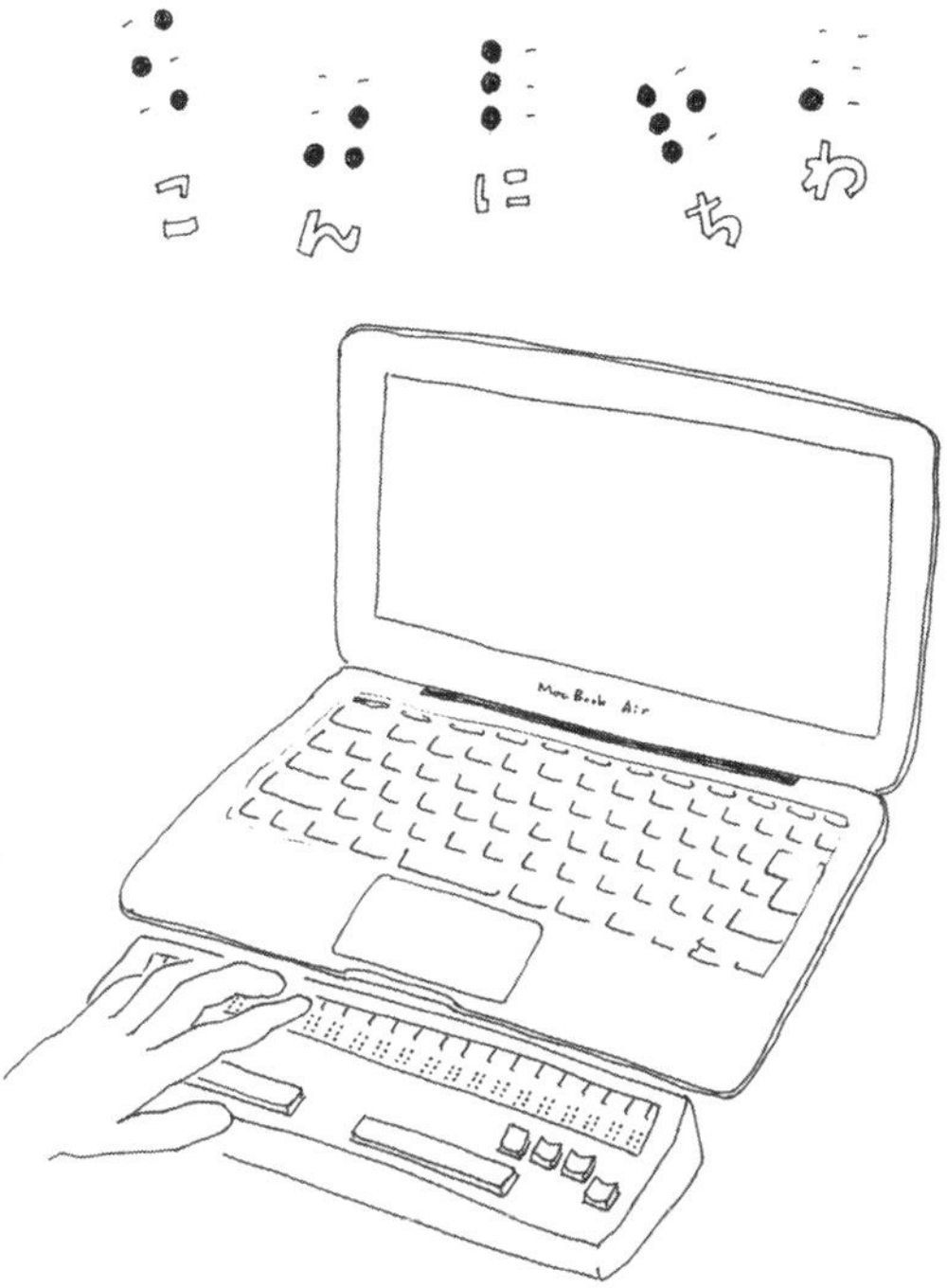

点字ディスプレイ

パソコンにつなげて ネット上の
文字情報を点字で表示する機械。
門川さんは毎日これを使って、
メールの読み書き、ニュースサイトの
閲覧などをしている。

「どなたか、道を教えてくれませんか？」

大きな声を出した。するとすぐにおじさんが寄ってきて「どこに行きたいんですか。あぁ、わかりました。すぐそこですから、一緒に行きましょう」と案内してくれることになった。門川さん、ファインプレー。

無事にゴールの喫茶店にたどり着き、アイスコーヒーでひとやすみ。「門川さんのおかげで親切な人に助けてもらえてよかった」とチームメイトに褒められて、門川さんもうれしそう。

「ぼくは、人が近くにいるかどうか音で判断することができないから、手を上げて大きな声を出すことにしているんです。タクシーを止めるときみたいにね」と説明している。

「それにしても、最初は誰も止まってくれなかったね」

「近くにいたはずなのに」

「都会の人は忙しいから立ち止まらないのかしら」

そんなことを話していたら、門川さんが言った。

「もしかしたら、声をかけられた人は、耳が悪くて本当に聞こえなかったのかもしれない。ヘッドフォンで音楽を聴いていたのかも。それか、日本人ではなくて、日本語がわからなかったのかもしれませんよ」

あぁ、すごいな。この人は、つねにひとの世の多様性を念頭に置いているんだ。街には目が見えない人も、耳が聞こえない人も、日本人も外国人もいる。だから困ることもあるけど、だからおもしろいんだ。

テーブルの下で、ベイスが気持ちよさそうに寝ている。

パリのニワトリ

世界との向き合い方を考える場所

新宿生まれ、パリ在住二八年の趙《ちょう》さんからメールが届いた。

「フランスにもはたらく動物がいます」

さてはトリュフを掘り当てる豚か、フランス陸軍の軍用犬か、と期待しながら読み進めると

「ニワトリです」

さらに読み進めると

「仕事は生ゴミを食べること」

力が抜けた。それ、はたらくって言わないだろう！

だが趙さんによれば、いまフランスではニワトリのはたらきがひそかに注目されているという。たとえば二〇一五年、ドイツ国境に近いアルザス地方のコルマール市では四三〇羽のニワトリを四つの地区に配った。すると、生ゴミが年間八〇トン減った。フランス南西部のロ・ド・ガロンヌ県では、五七〇世帯に二〇〇〇羽のニワトリを配ったら、二六二トンの生ゴミが減り、さらなるニワトリ配布が検討されている。

おぉ、すごいではないか、フランスのニワトリ。ゴミ問題の救世主。ま、ご本人たちにはたらいている意識があるのかどうかははなはだ疑問だが……。

トサカをもった生ゴミ処理部隊が活躍するのは一軒家が多い地方都市ばかりではない。大都会パリでも見ることができるという。「それが、ちょっとおもしろい場所なんですよ。よかったら一緒に行ってみませんか」と趙さんに誘われ、わたしはお財布と携帯電話をポケットに入れて、モスクワ経由の格安アエロフロート機でパリに向かった。無事ランディングしたとき、乗客のロシア人たちは律儀に拍手をしていた。

駅のホームが畑になった

夏のはじめの薄曇り。エアコンがなく、しょんべん臭くて、ときどき危ない、とさんざんな言われようの地下鉄四号線に揺られ、ポルト・ド・クリニャンクール駅へ向かう。週末には大きな蚤の市が開かれ、観光客とスリがどっと押し寄せるが、この日は平日で、アフリカのカラフルなワンピースに身を包んだ黒人女性が数人、のんびりと行き来していた。

駅の階段をのぼったところで、趙さんが笑顔で迎えてくれる。

「わはは、はじめまして」

趙さんとは仕事でつきあいがあったが、普段はメールのやりとりをするばかりで、実際に会うのは初めてだった。彼女のメールはいつも情報が盛りだくさんで、ほがらかな文面に権力への皮肉がさりげなく混ざっている。その文章は、きっとフランス人の友だちとカフェでおしゃべりすると、こんな感じなのだろうという想像をかきたてた。

はたらくニワトリが住んでいるのは、駅前の「ラ・リシクルリー」という場所だった。大きな平屋の建物で、扉を開けるとやわらかい光が溢れている。天井が高く、窓が大きい。入ってすぐのスペースはカフェになっていて、使い込まれたテーブルでおじさんが新聞を広げてコーヒーを飲んでいた。

ここは、もともと駅舎だった。

かつてパリの街をぐるりと囲むように国鉄の環状線が走っていたが、地下鉄と車の発達によって一九三〇年代に廃線に。その後も線路と駅はそのままの状態で放置された。それだけの土地を売却すればかなりのお金になるはずだが、フランス国鉄にその必要はなかったのだろう。八〇年かけて木々はもこもこと茂り、パリのまわりには全長三〇キロのサンクチュアリの輪ができた。たくさんの野鳥が住んでいて、キツネの姿を見ることもあるとか。

二〇一三年、いくつかの駅舎が売りに出され、新しい施設に蘇った。そのひとつが「ラ・リシクルリー」だ。「ラ・リシクルリー」とは「リサイクルする場所」という意味。

La Recyclerie
ラ・リシクルリー

できるだけ新しいものは買わないというコンセプトで、駅舎の建物をそのまま活かしている。どおりで、壁も床も窓枠も年季が入っているわけだ。椅子やキッチン道具など備品も八割は中古品だという。それがぜんぜん貧乏くさくない。テカテカしたプラスチック製品なんぞすっこんでろ、という気位がまぶしい。

「ニワトリたちを見にいきましょう」

趙さんに促されてカフェを抜けると、ホームへ降りる外階段に出た。かつてホームだった場所と線路脇のスペースがずっと畑になっていて、そこにニワトリ小屋もある。雄鶏が一羽、雌鶏が一九羽。彼らは勤務中だった。すなわち、もりもり食べていた。

アシスタントはてんとう虫

ニワトリが食べているのは、カフェの厨房から出た野菜の切れ端と、お客さんの食べ残し。食器返却カウンターに「ニワトリのため」と書かれた箱が置かれていて、お客さん自ら食べ残しを入れる仕組みになっている。箱にはニワトリにあげていいものとダメなものがイラスト付きで描かれている。野菜、豆、チーズ、パンはマル。肉、レモン、骨、チョコレートはバツ。なかには自宅からひからびたキャベツなどを持っ

てきてこの箱に入れる人もいて、その場合はコーヒーが一杯サービスされるとか。

「そっか。わたしたちは食事をするたびに生ゴミを出しているわけだ」

「そうそう。ニワトリがいなかったら、エネルギーをかけて燃やすなり、時間をかけて菌に分解してもらうなり、しなきゃいけない」

「となると、やはりこの方たちのはたらきは重要なんですかね」

「それにしてもこの方たち、愛想ないですね」

趙さんとわたしは、あれこれ言いながら、ニワトリにカメラを向ける。ニワトリはこちらを見向きもしない。


「ボンジュール」

道具小屋から、おじさんが出てきた。ラ・リシクルリー専属の庭師で、ニワトリの世話も畑仕事も、このおじさんがひとりでやっているという。趙さんが「こちらはマダム・カナイ。日本からはたらくニワトリを取材しにきた」とわたしのことを紹介すると、おじさんはニヤリと笑って言った。

「うちのニワトリたちは、よくはたらくよ」

畑へ向かって歩き出したおじさんは、振り返ってまたニヤリとし、付け加えた。

「おれのアシスタントは鴨とてんとう虫。鴨は作物に付くナメクジを食べる。てんとう虫はアブラムシを食べる。みんな、はたらき者だよ」

鴨の夫婦はニワトリ小屋の隣りで飼われている。夫の名はミニュッシオ、妻はデイジー。てんとう虫は飼われていないが、ミミズはちゃんとコンポストのなかに寝床を与えられていた。アカミミズという細くて小さな種類で、彼らのはたらきによって腐葉土の製造スピードがあがるという。

「屋上にはミツバチもいるよ」と言われて、屋上へのぼってみると、ジャスミンの花が咲き乱れるなかにハチの巣箱が三つ。養蜂はまだ始めたばかりだという。ゆくゆくは畑でとれた野菜と自家製ハチミツを使ったメニューを開発して、カフェで提供しようともくろんでいるらしい。


さて、カフェに戻って一服。

「おもしろい場所ですね」

「でしょう。あともうひとつあるんですよ、見せたいところ」

趙さんが指さすのは、カフェに併設されている修理屋さんコーナー。手づくりの看板はかわいらしいが、店内には木製の作業台がデンと置かれ、壁にはペンチやらノコギリやらさまざまな修理道具が並んでいる。いまは亡き祖父のガレージを思い出すなぁ。祖父は機械の専門家で、かつ日曜大工を趣味にしていて、トースターでもポットでも壊れるとなんでも直してしまう習性があった。祖母が「おじいちゃんのせいで、うちはいつまでたっても新品が買えないのよ」とすこし不満げに、すこし自慢げに言ってたっけ。

「ラ・リシクルリー」の修理屋さんコーナーにもわがおじいちゃんみたいな修理のプロが常駐していて、二五ユーロ（約三〇〇〇円）の年会費を払えば、なんでも何度でも修理してもらえるシステムだそう。壊れたラジオとコーヒーメーカーが静かに修理の順番を待っていた。

「二五ユーロって安いですね。それで人件費はまかなえるのかな」

疑問を趙さんが店員さんに通訳してくれる。

「カフェの売り上げを、こっちにまわしているんです」との答え。営利目的のカフェと非営利団体の修理屋さんを別組織にすることで、そんなふうに融通できるらしい。

修理屋さんの受付にはかごが置かれ、卵が一〇個ほど入っていた。

「ここのニワトリの産みたて卵。スーパーで売っているのとは味がぜんぜん違うの。修理を頼みにきた人に無料でお譲りしています」

お金は循環し、生ゴミは卵になって戻ってくる。まさに、リサイクルする場所なのだった。

三〇人の人間、二〇羽のニワトリ、鴨の夫婦、ミミズ一族とミツバチ一族……がはたらく不思議な施設「ラ・リシクルリー」をつくったのは、いったいどんな人なんだろう。

その人は、わたしと趙さんがフランスのテロと移民の問題についてさんざんおしゃべりし、さらに福島の原発事故を語り合い、ついには別れた男の浮気癖を議題にしたところで、やっと現れた。

ピンクのシャツのプロデューサー

「ボンジュール」

上から渋い声が降ってきた。見上げると、髪がもしゃもしゃした、背の高い男性がはにかんでいる。ジーンズにピンクのコットンシャツをあわせて、肩にポールスミスの大きなトートバッグ。ステファン・ヴァチネルさんだ。

「奥の部屋が静かだから、そっちで話そう」

お茶目な感じでほほえみ、大きな歩幅で歩いていった。

ステファンさんに案内された部屋は、もともと駅の荷物預かり所だったとか。薄暗くて狭くて、妙に落ち着く。八〇年前には若きポーターが何人も出入りしていたのだろうか。インテリアとして古めかしいトランクがいくつか置いてあるのが、ニクイ。


趙さんに訳してもらいながら、はなしを聞く。ステファンさんは今年五〇歳。長く音楽イベントのプロデューサーをしてきたという。

「これまでに六〇〇〇のコンサートと五〇〇〇の音楽イベントをプロデュースしてきた」

「ぼくの仕事は、場所をつくること。人びとに、よりよい価値観で生きてほしいんだ」

「ぼくは二五年前からエコロジスト。だからゴミを減らすことや物を直すことに興味があって」

「大都会でもこういう場所がつくれるってことを示したかったんだ。教育的にも意義深い」

と、こんなふうにステファンさんの言葉を並べると、ううむ、なんだかモゾモゾする。いかにも、な感じではないか。いかにも、イケてる空間プロデューサー。パリの音楽シーンで成功をつかみ。お次はエコを上手にビジネス展開し。ピンクのコットンシャツがお似合いの。

多くのフランス人は「自分にはこんな業績がある」「こんなことを考えている」「自分はそう思わない。なぜなら」をどんどん話す。それをそのまま文字にすると、いかにもな胡散臭《うさんくさ》さが出てしまうが、実際のステファンさんはワクワクすることに忠実に生きている、おおらかな楽天家タイプに思われた。

もともとスイス国境に近いブレスという地方の出身。とんでもない田舎で、おもしろいことなんかひとつもなくて、暇で暇でしょうがない少年時代だった。だから一七歳でパリに出てきて、以来ずっとパリにいる。

音楽が好きだったから、音楽イベントを運営する仕事に就いた。「場をつくる」のが得意で、カンヌ映画祭の海岸でコンサートを開いたり、さびれたディスコをハイソなクラブに変身させたり、刺激的な仕事をいろいろやってきた。

　そのうち、ただ楽しくて終わりというのではなく、もっと社会的に意味のある場所がつくりたい、と思うようになった。それで「アフリカのことを考える場所」とか「女性たちが思う存分インターネットを利用して過ごす場所」なんてのをつくった。

　昔は環境問題なんて気にもしていなかったけど、次第に人間が地球に害を及ぼしていることを意識するようになった。ぼくは楽天家だから、この一世紀でダメになってしまった地球を、これからの一〇〇年で元に戻すことだってできるんじゃないかと考えてる。自分は水の一滴くらい無力だけど、でもその一滴になろうと思っているんだ。破壊されたオゾン層が再び戻ってきたというニュースを聞いたときは涙が出るほどうれしかったよ。

　数年前、この駅が売りに出されると聞いて見にきた。昔の線路沿いに八〇年かけてつくられた生態系がすごく気に入った。それで「三つのR」の場所にしようと思ったんだ。「減らす《Réduire》」「再利用する《Réutiliser》」「廃物利用する《Recycler》」の三つ。で、次の瞬間には「ニワトリ小屋はどこに置こうか?」と考えていた。田舎では祖父母がニワトリを飼っていたし、ぼくにとってニワトリがいれば生ゴミが減るというのは当たり前に知っていることだったから。

でもニワトリを飼うとすぐに役人が来て「早朝から鳴いて近所迷惑だ」とか「衛生管理はどうなってる」とかごちゃごちゃ言う。かと思えば「動物虐待じゃないか」とか言ってくる人もいて。うんざりしたけど、ぼくたちがこの場所をつくるのは世界とどう向き合うかを考えるためなんだって思い直した。大きな志があるんだから、一部の人のネガティブな言葉に惑わされるのは時間の無駄だと思ってさ。獣医さんに定期的に診てもらって、ワクチンも打ってる。うちのニワトリは健康手帳ももっているんだよ。

ぼくの人生の目的は、人に楽しんでもらうこと。だからこの「ラ・リシクルリー」も説教くさい場所じゃなく、楽しく過ごせることをいちばんに考えてつくった。結果、年間三万人のお客さんが来てくれて黒字経営になっている。お客さんの二五％が環境への意識が高い人で、七五％が気持ちいいとか楽しいという思いで通ってくれていると思う。

いま、パリ市内でいくつかの場所を企画・運営していて、全部で一六〇人の社員を雇用している。社長と社員の給料に大きな差があるのは好きじゃないから、ぼくはい

ステファンさん

ちばん若くていちばん給料が安い社員の二・五倍しかもらわないんだ。いちばんやりたいことに合っているのはこの「ラ・リシクルリー」で、こういう場所を増やせたらいいなぁと考えている。

一四歳で気づいたこと

思いがあればたくさん語る、というのがフランス人の流儀なのだろう。わたしがひとつ質問すると、ステファンさんからは五、六倍の量の回答が返ってくる。どうしても話題が散る。そのうえ通訳を介してのインタビューなので、深いところに手が届かないもどかしさが付きまとった。

そんななかで、印象に残った質問と回答の組み合わせがふたつある。

ひとつは、いつ「場所をつくる」という自分の任務に気づいたのか、という質問。ステファンさんはこの問いに、珍しく黙った。しばし考えて、「ずっと忘れていたことを思い出したよ」と話し始めた。

子どものころ、成績はそこそこよかったけど、優等生というタイプじゃなかった。一四歳のとき仲間たちと「ブーム」をやろうってことになって、そのオーガナイズを引き受けた。ブームってわかるかな、ダンスパーティーのこと。そのときぼくは初めて、みんながいい時間を過ごす場所をつくることはおもしろいと感じた。場所をつくれば、軽いメッセージもまじめなメッセージも込められるんだと知った。もともとぼくは世界でいちばんすごい職業はミュージシャンだと思っていたんだけど、場をつくって音楽と人を結びつけるのもいいかもしれないという気になったんだ。だから一四歳のブームが最初のきっかけかもしれない。

ふたつめは、「大変だったことは？」という質問をしたときだ。

そうだなぁ、人びとが楽しめる場所をつくるなんて仕事は遊びみたいだ、まじめじゃない、適当なやつ、って誤解されることかなぁ。と笑ったあと、ステファンさんの表情がふっと暗くなった。

「二〇一五年の一一月……」と切り出したとき、あぁ、とわたしは悟った。

福島の人が「二〇一一年の三月……」と話し始めれば東日本大震災と原発事故に言及することが予想できるように、パリの人が「二〇一五年の一一月」と言ったら、それはまちがいなく同時多発テロのはなしだ。わたしが重々しくうなずいたのを見て、ステファンさんもウンと小さくうなずき、先を続けた。

「みんなが楽しんでいる場所が狙われた」

二〇一五年一一月一三日、イスラム国（ＩＳ）に共鳴するテロリストが狙ったのはサッカー場、レストラン、バー、そして劇場だった。死者は一三〇人、負傷者は三〇〇人超。

「自分が狙われたような気持ちになった」

人びとが楽しい気持ちになる場所をつくることに人生を費やしてきたステファンさんにとって、お楽しみの場に集まっていた人が無差別に撃ち殺された事実はどれだけ衝撃的だっただろう。

「それで……」

あいだの葛藤はぜんぶ省いて、ステファンさんは結論だけを言った。

「楽しい場所をつくる仕事を、これからもやっていこうと思った」

ただいるだけで役に立つ

インタビューは予定の時間を超えて続いた。だが二時間半を過ぎたところで、ステファンさんはついに言った。「もうそろそろ会議に行かなければいけない。申し訳ないけど次が最後の質問だ」。最後になにを尋ねればいいかちょっと迷った。そして迷ったまま言ってしまった。

「あのう……ニワトリ……はたらいてないですよね？」

「ん？」

わたしは自分が言いたいことを急いで説明した。

これまで、はたらく動物をいろいろ取材してきた。猿を追いかける訓練を受けた犬、家族と一緒に田んぼを耕す馬、一生を鮎獲り稼業で暮らすと決心した鵜……。彼らはみんな一生懸命はたらいていた。

それに引き換えニワトリは。ぜんぜん苦労していない。はたらいているという意識すらもっていない。ニワトリだけじゃない。鴨もミミズも微生物も。ただ自分の持ち場で生きているだけ。だけど、ちゃんとほかの生き物の役に立っている。

もっと言えば、ステファンさんだって。自分の持ち場で、すごーく自然体で生きている。それがほかの人の役に立っている。それってすごいことだ。

しどろもどろになりながら、そういうことを話した。きっと言葉足らずの部分を趙さんが上手に補って伝えてくれたのだろう。ステファンさんは丁寧に耳を傾けてくれて、愉快そうに笑った。

「そんなふうに言ってくれて、うれしいね」

ニワトリははたらいているのか、いないのか、という問いに答えはもらわなかったが、ステファンさんは最後に言った。

「忘れてはいけないのは、人間も動物だってことだ」

握手をし、ハグをし、ほっぺにチューをして取材が終わる。古い駅舎の扉を押して外に出ると、七月の暑くて長い夕方が始まろうとしていた。

あとがき

本書の企画が立ち上がったのは、いまから一年半ほど前のこと。当時わたしは、鼻の穴をふくらませて大いに語った。

「この企画の本命は、地雷ネズミです！」

地雷ネズミとは、土に埋まった地雷を探知するネズミ。アフリカオニネズミという種類で、地雷のありかをにおいで察知する。訓練を受けたネズミは、地雷原をトコトコと歩いていき、地雷（火薬）のにおいがしたら立ち止まり、前脚でカリカリと地面を掘る仕草をする。なんともユニークかつ頼りになるはたらく動物なのだ。アフリカ東部のタンザニアにいるらしい。

わたしの頭のなかでは、「地雷ネズミを端緒とし、世界の戦争と平和の問題に真っ向から挑む」という壮大な計画が練られていた。ならば、軍事利用されている動物、たとえば軍用犬や軍用イルカにもぐいぐいと迫るべきだろう。ときに危険地域に潜入し、隠ぺいをもくろむ権力と対峙し、ただ一本のペンを武器に真実を世に問う――。なかなかにハイブローな本になりそうだ。

ところがどっこい。

できあがってみれば、タンザニアの夕の字もない。

いや、地雷ネズミ訓練施設で働いていたという人を探し出し、はなしを聞くところまではよかったのだ。だが「地雷ネズミがいるのはタンザニアの首都から数百キロ離れた辺鄙な場所」だと言う。「個人でそこへ行くにはかなりのお金と勇気が必要です」のひとことでわたしの志はしゅるしゅるとしぼんだ。

その後、地雷ネズミが東南アジアのカンボジアではたらいているという情報をつかんだ。カンボジアならそう遠くない。だが、その地雷原を取材してきた写真家の内《う》田和稔《だかずとし》さんは、ニコニコして言うのである。

「地雷ネズミいたけどさぁ。はたらいてなかったよ。カンボジアは暑すぎるみたいで、冷房の効いた部屋でずっと寝てた」

ガクッ。


そういうわけで当初のもくろみからは遠く離れて着地したのが本書である。

取材はいつも気楽なひとり旅。駅弁をつつきながら出かけると、そこにはのびのび生きる動物と人間が待ち受けていた。はたらく現場を見せてもらいながら、はなしを聞く。うなずいて、笑って、ご馳走になって、全編を通してのどかな旅だ。

だが、そこで触れた空気、仕入れた言葉は、あとからじわじわと効いてくるのだった。

しっぽをぶんぶん振り回して元気いっぱいにはたらく犬。仕事が終わると満足げに鼻を鳴らす馬。鵜は、勤労の翌朝ははつらつとした表情をする（鵜匠談）。動物たちを見ていると、はたらくって本来うれしいことなんだと思えてくる。

もちろん犬は叱られることもある。馬は鞭で打たれることもある。鵜は首に縄を掛けて操られる。でも人間が無理やり押さえつけてはたらかせているわけではない。と感じた。自分の持ち場でがんばる動物たちはひたすらのびのびとうれしそうだった。

そして、動物の近くで暮らしている人間たちもまた、のびのびしていて無理がなかった。それはきっと、知らず知らず動物から大事なことを学んでいるからだ。

余計なことを思いわずらわない。

いやなことを我慢してやらない。

もっている力を出し惜しみしない。

あぁ、淡々と自分の持ち場を守る動物の生き方は、よい人生を送るためのヒントに満ちていた。そして、パリのステファンさんが言うとおり、人間も動物なのだ。わたしも、うれしい気持ちにそって生きよう。

さて、はたらく動物のことを考えたり、言いふらしたりしているあいだに、各所からさまざまな情報がもたらされた。

イスラエルの農家にはネズミ退治をするフクロウが飼われている。イギリスの牧羊犬の技術はすごい。インドの国境警備隊はラクダに乗っている。医療の世界ではマゴットセラピーなる治療法があり、そこで活躍するのはマゴット、つまりウジ虫だという。ひゃあ、はたらくウジ虫！

というわけで、はたらく動物をめぐる旅はまだまだ続きそうだ。もちろんタンザニアの地雷ネズミに会いにいく機会もあきらめずに狙っていきたい。待っててね、ネズミくん！

二〇一七年　春隣

金井真紀

金井真紀 かない・まき

一九七四年千葉県生まれ。うずまき堂代表（部下は猫二匹）。文筆家・イラストレーター。

著書に『世界はフムフムで満ちている』『酒場學校の日々』（以上皓星社）、『パリのすてきなおじさん』（柏書房）、『子どもおもしろ歳時記』『虫ぎらいはなおるかな？』（以上理論社）、『サッカーことばランド』（共著・ころから）。挿画に『日本語をつかまえろ！』（毎日新聞出版）、『世界ことわざ比較辞典』（岩波書店）ほか。

うずまき堂マガジン
http://uzumakido.com/

はたらく動物と

２０１７年２月11日　初版発行
２０２０年７月20日　第２刷発行

価格１３８０円＋税

文と絵
金井真紀

パブリッシャー
木瀬貴吉

装丁
安藤順

発行　ころから

〒115-0045
東京都北区赤羽1-19-7-603
TEL　03-5939-7950
FAX　03-5939-7951
MAIL　office@korocolor.com
HP　http://korocolor.com

ISBN 978-4-907239-24-4
C0095

cosh

テキストデータの提供について

本書を購入された方で、弱視などの理由でテキストデータを必要とされる方は、上記宛てにご連絡ください。本文テキストデータ（漢字かな混じり、分かち書きなし）を送信いたします。